AF500394

LES NOUVEAUX

JEUX FLORAUX

PRINCIPES D'ANALOGIE DES FLEURS

EXPOSÉS PAR

EUGÈNE NUS ET ANTONY MÉRAY

[illegible]

A L'AIDE DUQUEL ON PEUT DÉCOUVRIR SOI-MÊME LES EMBLÈMES NATURELS
DE CHAQUE VÉGÉTAL

[illegible] PAR CH. [illegible]

Paris

GABRIEL DE GONET, ÉDITEUR

6, RUE DES BEAUX-ARTS

LES NOUVEAUX

JEUX FLORAUX

LAGNY. — Imprimerie de VIALAT et Cie — 1852

LES NOUVEAUX

JEUX FLORAUX

PRINCIPES D'ANALOGIE DES FLEURS

EXPOSÉS PAR

EUGÈNE NUS ET ANTONY MÉRAY

Science nouvelle ou véritable art d'agrément

A L'AIDE DUQUEL ON PEUT DÉCOUVRIR SOI-MÊME LES EMBLÈMES NATURELS DE CHAQUE VÉGÉTAL

ILLUSTRATIONS PAR CH. GEOFFROY.

PARIS

GABRIEL DE GONET, ÉDITEUR

6, Rue des Beaux-Arts

LES

NOUVEAUX JEUX FLORAUX

OU

LANGAGE ANALOGIQUE DES FLEURS.

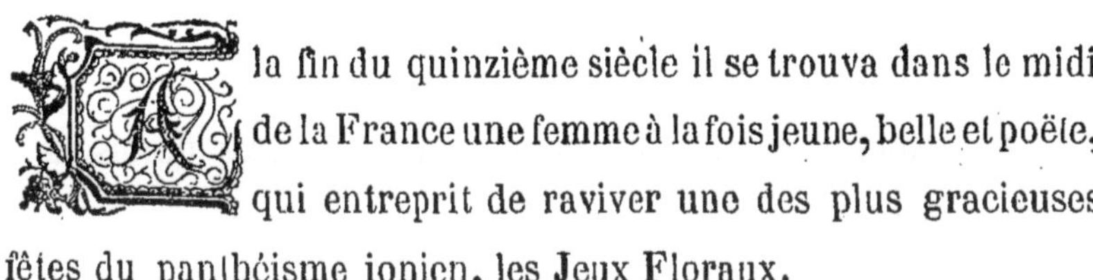

A la fin du quinzième siècle il se trouva dans le midi de la France une femme à la fois jeune, belle et poëte, qui entreprit de raviver une des plus gracieuses fêtes du panthéisme ionien, les Jeux Floraux.

A la voix de Clémence Isaure les trouvères de la langue d'oc, les ménestrels de la Provence s'empressèrent d'accorder leur lyre, comme on disait dans le *langage des dieux* de ce temps-là, et les sonnets, les odes, les épîtres, les élégies accoururent en foule briguer les prix qu'offrait à leurs strophes cadencées la blanche main de l'héritière des comtes de Toulouse.

Clémence Isaure, dont le nom charmant rayonne, à travers les âges, du triple éclat de la beauté, de la poésie et du malheur.

Clémence Isaure avait compris la poésie des fleurs.

Son cœur avait deviné leur mystérieux langage.

Longtemps avant d'aimer le beau Lautrec, la douce Toulousaine avait conçu d'ineffables tendresses pour les violettes dont elle parait son sein, pour les grappes embaumées du réséda qu'elle mêlait à sa chevelure.

Longtemps avant de comprendre le langage et les ardeurs de l'amour humain, elle s'était passionnée pour les fières et pures corolles du lis.

Son cœur virginal avait palpité aux premières floraisons de l'églantier.

Sa jeune pensée avait cherché à pénétrer le sens du souci à la couronne orangée.

Sans doute la poésie lui apparut un jour de printemps, dans un élan d'enthousiasme pour le culte des fleurs, dans les vagues

[illegible]

[illegible] de Tombouk[illegible]

[illegible]

CLEMENCE

rêveries que lui inspirait la contemplation de ces mystères vivants de la création.

Qui sait même si l'amour ne lui fut pas inoculé par les souffles passionnés et voluptueux qui s'exhalent de la rose, de la tubéreuse et de tant d'autres lèvres ardentes qu'entr'ouvrent chaque matin les baisers du soleil?

Hélas! pour Clémence Isaure ainsi que pour toutes les autres filles d'Ève, ses sœurs, l'amour passa comme passe le printemps sur la terre.

Il passa même plus rapidement encore.

Et cette fleur de sa vie fut bientôt moissonnée d'une manière tragique et fatale, si l'on en croit sa romanesque légende.

Mais les innocentes affections de son premier âge survécurent aux orages de son cœur et les calmèrent peu à peu.

Elle retourna au culte des fleurs et de la poésie.

Et ces deux amours inaltérables la consolèrent des angoisses et des douleurs de la passion qui l'avait si rudement éprouvée.

A l'époque où vivait Clémence Isaure, on ne possédait pas encore les éléments de la science nouvelle qui, sous le nom d'*a*-

nalogie, va dévoiler les mystères de la nature et révéler les secrets de la vie intime de tous les êtres créés.

Mais la noble Toulousaine, guidée par de sûrs pressentiments, éclairée peut-être par les traditions des Orientaux, dont l'active et ingénieuse imagination avait soulevé à demi le prétendu *voile d'airain* de la création, put découvrir quelques-uns des rapports cachés entre la poésie divine et la poésie humaine.

Alors dans l'institution des Jeux Floraux, elle sut offrir en prix aux fleurs du langage humain :

Les fleurs de la terre.

Langage de la nature, qui correspondent aux sentiments exprimés par l'homme.

Ainsi elle voulut que la violette récompensât un petit poëme intime, un épanchement d'amitié, n'excédant pas la valeur de deux cents vers.

L'amaranthe à allure guerrière, à couleur ambitieuse, était donnée en prix à l'ode dont le ton traditionnel est pompeux et altier.

Le souci était promis à l'élégie, à la ballade, aux chants d'un enthousiasme légèrement mélancolique.

La part du lis était une hymne à cette vierge type, à cette création si belle, si pure, si pleine de vérité et de noblesse en qui le monde chrétien adore toujours la mère du Sauveur des hommes.

Une seule erreur s'est glissée dans cette élégante répartition :

C'est la promesse d'une églantine au meilleur discours écrit.

Que peut avoir de commun la naïve rose des champs avec les phrases de rhétorique rassemblées en bouquet inodore par un pédant ou par un avocat?

Il est impossible que Clémence Isaure ait commis une pareille hérésie.

Mais, autour de la fondation floréale de la gracieuse fille de la langue d'oc, les habitants notables de Toulouse jugèrent utile, plus tard, de rassembler une société savante, une troupe d'académiciens, juges patentés et officiels, dont le grossier arbitrage remplaça l'appréciation exquise et délicate de Clémence Isaure et de ses compagnes.

Il est probable, il est certain que ce sont ces juges barbus qui commirent cette énormité analogique, et détournèrent l'églantine de sa destination primitive.

Cette fleur, simple et candide, ne put être destinée, par la belle fondatrice, qu'à récompenser des poésies naïves dans le genre de l'églogue ou de l'idylle.

On ne saurait trop se défier des académiciens.

Les nouveaux Jeux Floraux dont nous offrons l'idée trouveront bientôt, nous l'espérons du moins, une *Clémence Isaure* pour les constituer.

Ceux-là seront bien réellement des *Jeux Floraux*, puisque les fleurs et les plantes seront le sujet des gracieuses compositions, des ingénieuses recherches dont la science de l'analogie va donner à nos lectrices la clé et les règles.

Déterminer le caractère et le sentiment symbolique de chaque plante;

Étudier ses différents esprits, analyser ses aptitudes et ses mœurs;

Observer les procédés de son travail et les mystères de sa croissance;

Reconnaître à la forme de son calice, à l'attitude de sa tige, au parfum de sa fleur, à la couleur et à la dentelure de ses feuilles à quel ordre de passion, de travail, de fonction, de sentiment bon ou mauvais cette plante se rattache; suivre le développement de ce symbole depuis la naissance jusqu'à la mort, depuis la racine jusqu'à la graine;

Raconter enfin l'histoire des hommes dans l'histoire des plantes, et dire au genre humain :

Voici tes facultés bonnes ou fatales, tes vertus et tes vices, tes grandeurs et tes misères, tes bonheurs et tes revers, tes souffrances et tes joies, écrits là tout au long par la main de Dieu, et depuis l'origine des siècles, dans les fleurs que ta main cueille, dans les arbres que tes regards admirent, dans les humbles plantes que foulent tes pieds...

Voilà les travaux qui seront couronnés dans les Jeux Floraux de l'avenir.

Voilà le langage des fleurs tel que Dieu l'a fait pour parler aux esprits et aux cœurs, tel que l'interprétera la science de l'époque nouvelle.

Voici la doctrine suprême :

Voici l'analogie qui prouve à l'homme que tout ce qui est sur la terre a des liens à la fois spirituels et matériels avec sa vie, reflète l'image de son corps et de son âme, et se rattache à sa haute destinée.

Le langage des fleurs !

Les racines de cette science sont aussi vieilles que le monde, bien que les termes en soient encore si peu compris de nos jours.

Il n'y a pas de peuple qui n'en ait épelé quelques syllabes, et ce sont les plus naïfs, les plus rapprochés de la poésie primitive qui se sont le moins trompés dans ces ravissantes interprétations.

Mais depuis longtemps la prétendue civilisation de l'Occident se traîne à la remorque de la barbarie orientale dans cette branche importante de la science humaine.

Nous nous sommes tant occupés de grec et de latin, depuis César jusqu'à Napoléon.

Les hommes sérieux ont tant disserté sur Platon et sur Aristote, que c'est à peine si, depuis les Grecs, qui avaient le bon goût de se couronner de fleurs dans leurs festins, on s'est avisé de songer à cette parure de la terre qui nous a valu tant de sourires du soleil depuis la création.

Le langage des fleurs!

Voyez pourtant combien il vous serait utile de connaître cet idiome gracieux et parfumé.

Que de phrases inutiles et embarrassantes vous seraient épargnées au moyen de ces divins truchements.

Une fleur dans vos cheveux, une corolle effeuillée sous vos doigts, un bouquet sur votre sein en diraient plus à vos adorateurs qu'un mois de pourparlers amoureux.

L'œillet, dont les pétales gonflés d'amour sont toujours prêts à briser le calice, apprendrait à un soupirant aimé l'état de votre cœur; la violette ferait connaître à un poursuivant trop empressé que l'amitié pure est tout ce qu'on peut lui accorder, etc.

Et chaque fleur vous fournirait une réponse ou une interrogation conforme à l'état de votre âme ou aux malices de vos fantaisies.

Combien sont douces les syllabes de cette langue de la nature qui se retrouve encore au premier berceau du monde!

Jugez-en à ce fragment emprunté à Bernardin de Saint-Pierre, et dites si jamais dialogue parlé, fût-il pris à un roman ou à un drame en vogue, eut jamais autant de charme que ce dialogue du Paria et de la Bramine de la *Chaumière indienne.*

« ... J'y joignis des fleurs; c'étaient des pavots, qui exprimaient la part que je prenais à sa douleur.

« La nuit suivante, je vis avec joie qu'elle avait approuvé mon hommage : les pavots étaient arrosés; elle avait mis un

« nouveau panier de fruits à quelque distance du tombeau.

« La pitié et la reconnaissance m'enhardirent.

« N'osant lui parler comme paria, de peur de la compro-
« mettre, j'entrepris, comme homme, de lui exprimer toutes
« les affections qu'elle faisait naître dans mon âme : suivant
« l'usage des Indes, j'empruntai, pour me faire entendre, le
« LANGAGE DES FLEURS; j'ajoutai aux pavots des soucis.

« La nuit d'après je retrouvai mes soucis et mes pavots
« baignés d'eau.

« La nuit suivante je devins plus hardi : je joignis aux pavots
« et aux soucis une fleur de foulsapatte, qui sert aux cordon-
« niers à teindre leurs cuirs en noir, comme l'expression d'un
« amour humble et malheureux.

« Le lendemain, dès l'aurore, je courus au tombeau; mais
« j'y vis la foulsapatte desséchée, parce qu'elle n'avait pas été
« arrosée.

« La nuit suivante j'y mis en tremblant une tulipe dont les
« feuilles rouges et le cœur noir exprimaient les feux dont
« j'étais brûlé : le lendemain je retrouvai ma tulipe dans l'état
« de la foulsapatte; j'étais accablé de chagrin.

« Cependant le surlendemain j'y apportai un bouton de rose

« avec ses épines, comme le symbole de mes espérances mê-
« lées de beaucoup de crainte.

« Mais quel fut mon désespoir quand je vis aux premiers
« rayons du jour mon bouton de rose loin du tombeau?

« Je crus que je perdrais la raison.

« Quoi qu'il pût m'en arriver, je résolus de lui parler. »

Certes il y a loin de cette naïve et superficielle interprétation du langage des fleurs à la science de l'analogie dont nous trouverons plus loin les règles vraies et précises, aussi loin que des mélodies primitives des Océaniens ou des Sauvages d'Amérique aux harmonies savantes des compositeurs allemands, italiens et français.

Mais les aspirations de la poésie devancent toujours les solutions de la science; et ces gracieuses conceptions des Orientaux ont ouvert la route que le génie patient et chercheur d'un fils de l'Occident devait plus tard parcourir et éclairer.

Maintenant, si nous prenions à tâche de démontrer que la littérature moderne est parfaitement disposée à entrer dans cette voie déjà tracée, les citations ne nous manqueraient pas.

Nous n'aurions qu'à prendre, au hasard, dans les pages de

nos plus illustres écrivains; mais nous dépasserions de beaucoup le cadre que nous nous sommes imposé.

Cependant, nous n'hésitons pas à donner ici les admirables pages que Balzac a écrites sur l'éloquence des fleurs.

C'est le moyen le plus attrayant et le plus ingénieux que nous puissions trouver pour vous décider à vous occuper des nouveaux délassements poétiques que nous vous offrons.

Écoutez ; il parle d'un de ces types de femmes, comme, seul, il savait en créer :

« Elle n'avait plus de fleurs à mettre dans les vases de son salon.

« Je m'élançai dans la campagne, et j'allai dans les champs, dans les vignes, chercher des fleurs pour lui composer deux bouquets; mais tout en les cueillant une à une, les coupant au pied, les admirant, je pensai qu'il existait dans les couleurs et les feuillages une harmonie, une poésie qui se faisait jour dans l'entendement en charmant les regards, comme les phrases musicales réveillent mille souvenirs dans les cœurs aimés.

« Si la couleur est la lumière organisée, ne doit-elle pas avoir un sens, comme les combinaisons de l'air ont le leur?..

« J'entrepris sur les dernières marches du perron, où nous

établîmes le quartier général de nos fleurs, deux bouquets, par lesquels j'essayai de peindre un sentiment.

« Figurez-vous une source de fleurs sortant des deux vases par un bouillonnement, retombant en vagues frangées, et du sein de laquelle s'élançaient mes vœux en roses blanches, en lis à la coupe d'argent; sur cette fraîche étoffe brillaient les bluets, les myosotis, les vipérines, toutes les fleurs bleues dont les nuances prises dans le ciel se marient si bien avec le blanc : ce sont deux innocences, celle qui ne sait rien, et celle qui sait tout : une pensée d'enfant, une pensée de martyr.

« L'amour a son blason, et la comtesse le déchiffra secrètement; elle me jeta un de ces regards incisifs, qui ressemblent au cri d'un malade touché dans sa plaie : elle était à la fois honteuse et ravie.

« Quelle récompense dans ce regard!

« La rendre heureuse, lui rafraîchir le cœur, quel encouragement!

« J'inventai donc la théorie du père Castel au profit de l'amour, et retrouvai pour elle une science perdue en Europe, où les fleurs de l'écritoire remplacent les pages écrites, en Orient, avec des couleurs embaumées.

« Quel charme que de faire exprimer ses sensations par ces

filles du soleil, les sœurs des fleurs écloses sous les rayons de l'amour!..

« Deux fois par semaine, pendant le reste de mon séjour à Frapesle, je recommençai le long travail de cette œuvre poétique, à l'accomplissement de laquelle étaient nécessaires toutes les variétés des graminées dont je fis une étude approfondies, moins en botaniste qu'en poëte, étudiant plus leur esprit que leur forme.

« Pour trouver une fleur là où elle venait, j'allais souvent à d'énormes distances, au bord des eaux, dans les vallons, au sommet des rochers, en pleines landes, ou butinant des pensées au sein des bois et des bruyères...

« Il est des effets de la nature dont les significances sont sans bornes, et qui s'élèvent à la hauteur des plus grandes conceptions morales :

« Soit une bruyère fleurie, couverte des diamants de la rosée qui la trempe, et dans laquelle se joue le soleil, immensité parée par un seul regard qui s'y jette à propos.

« Soit un coin de forêt environné de roches ruineuses, coupé de sables, vêtu de mousse, garni de genévriers, qui vous saisit par je ne sais quoi de sauvage, de heurté, d'effrayant, et d'où sort le cri de l'orfraie.

« Soit une lande chaude, à végétation pierreuse, à pans rapides, dont les horizons tiennent de ceux du désert, et où je rencontrais une fleur sublime et solitaire, une pulsatille au pavillon de soie violette, étalé pour ses étamines d'or; image attendrissante de ma blanche idole, seule dans sa vallée!

. . . .

« Soit de grandes mares d'eau sur lesquelles la nature jette des taches vertes, espèce de transition entre la plante et l'animal, où la vie arrive en quelques jours, des plantes et des insectes flottant là comme un monde dans l'éther.

. . . .

« Soit encore une chaumière avec son jardin...

. . . .

« Jetez sur ces tableaux, tantôt des torrents de soleil ruisselant comme des ondes nourrissantes, tantôt des amas de nuées grises, alignées comme les rides au front d'un vieillard, tantôt les tons froids d'un ciel faiblement orangé, sillonné de bandes d'un bleu pâle; puis, écoutez!

. . . .

« Vous entendrez d'indéfinissables harmonies au milieu d'un silence qui confond.

. . . .

« Pendant les mois de septembre et d'octobre, je n'ai jamais construit un seul bouquet qui ne m'ait coûté moins de trois heures de recherches, tant j'admirais, avec le suave abandon des poëtes, ces fugitives allégories où, pour moi, se peignaient les phases les plus contrastantes de la vie humaine, majestueux spectacle où va maintenant fouiller ma mémoire.

« Souvent aujourd'hui je marie à ces grandes scènes le souvenir de l'âme alors épanouie sur toute la nature ; j'y promène encore la souveraine, dont la robe blanche ondoyait dans les taillis, flottait sur les pelouses, et dont la pensée s'élevait, comme un fruit promis, de chaque calice plein d'étamines amoureuses.

« Aucune déclaration, nulle preuve de passion insensée n'eut de contagion plus violente que ces symphonies de fleurs, où mon désir trompé me faisait déployer les efforts que Beethoven exprimait avec ses notes : retours profonds sur lui-même ; élan prodigieux vers le ciel.

« Madame de Mortsauf n'était plus qu'Henriette à leur aspect.

« Elle y revenait sans cesse, elle s'en nourrissait, elle reprenait toutes les pensées que j'y avais mises, quand, pour les revoir, elle relevait la tête de dessus son métier à tapisserie en disant :

« — Mon Dieu, que cela est beau !

« Vous comprendrez cette délicieuse correspondance par le détail d'un bouquet, comme d'après un fragment de poésie vous comprendriez Saadi.

« Avez-vous senti dans les prairies, au mois de mai, ce parfum qui communique à tous les êtres l'ivresse de la fécondation, qui fait qu'en bateau vous trempez vos mains dans l'onde, que vous livrez au vent votre chevelure, et que vos pensées reverdissent comme les touffes forestières?

« Une petite herbe, la flouve odorante, est un des plus puissants principes de cette harmonie voilée.

« Aussi personne ne peut-il la garder impunément près de soi.

« Mettez ses lames luisantes et rayées comme une robe à filets blanc et verts dans un bouquet, ses inépuisables exhalaisons remueront au fond de votre cœur les roses en bouton que la pudeur y écrase.

« Autour du col évasé de la porcelaine, supposez une forte marge des touffes blanches particulières au sedum des vignes en Touraine; vague image des formes souhaitées, roulées comme celles d'une esclave soumise.

« De cette assise sortent les spirales des liserons à cloches blanches, les brindilles de la bugrane rose, mêlées de quelques jeunes pousses de chêne aux feuilles magnifiquement colorées et lustrées; toutes s'avancent prosternées, humbles comme des saules pleureurs, timides et suppliantes comme des prières.

« Au-dessus, voyez les fibrilles déliées, fleuries, sans cesse agitées, de l'amourette purpurine qui verse à flots ses anthères florescentes, les pyramides neigeuses du paturin des champs et des eaux, la verte chevelure des brômes stériles, les panaches effilés de ces agrostis nommés les *épis du vent;* violâtres espérances dont se couronnent les premiers rêves, et qui se détachent sur le fond gris de lin où la lumière rayonne autour de ces herbes en fleurs.

« Mais déjà plus haut, quelques roses du Bengale clair-semées parmi les folles dentelles du daucus, les plumes de la linaigrette, les marabouts de la reine des prés, les ombellules du cerfeuil sauvage, les blonds cheveux de la clématite en fruits, les mignons sautoirs de la croisette au blanc de lait, les corymbes des mille-feuilles, les tiges diffuses de la fumeterre aux fleurs roses et noires, les vrilles de la vigne, les brins tortueux des chèvre-feuilles, enfin tout ce que ces naïves créatures ont de plus élevé, de plus déchiré, des flammes et de triples dards, des fleurs lancéolées, déchiquetées, des tiges tourmentées comme les désirs entortillés au fond de l'âme.

« Du sein de ce prolixe torrent d'amour qui déborde, s'élance un magnifique pavot rouge accompagné de ses glands prêts à s'ouvrir, déployant les flammes de son incendie au-dessus des jasmins étoilés et dominant la pluie incessante du pollen, beau nuage qui papillonne dans l'air en reflétant le jour dans mille parcelles luisantes !

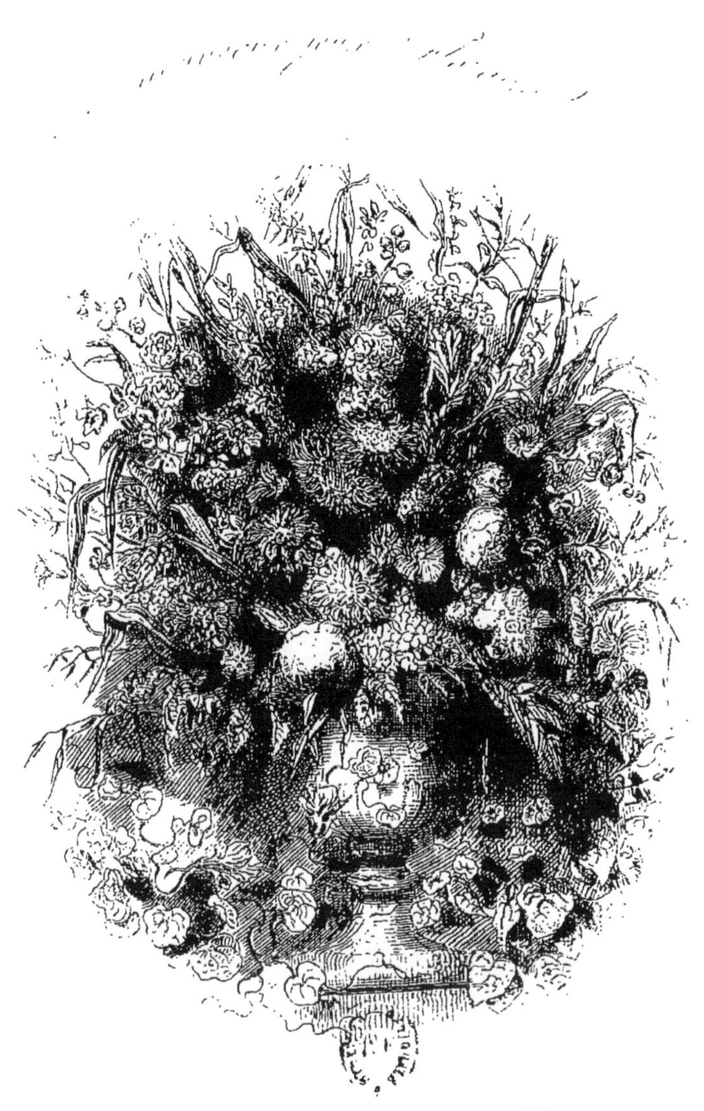

FLEURS DES SALONS

« Quelle femme, enivrée par la senteur d'aphrodise cachée dans la flouve, ne comprendra ce luxe d'idées soumises, cette blanche tendresse troublée par des mouvements indomptés, et ce rouge désir de l'amour qui demande un bonheur refusé dans les luttes cent fois recommencées de la passion contenue, infatigable, éternelle!

« Mettez ce discours dans la lumière d'une croisée, afin d'en montrer les frais détails, les délicates oppositions, les arabesques, afin que la souveraine émue y voie une fleur plus épanouie et d'où tombe une larme, elle sera prête à s'abandonner, il faudra qu'un ange ou la voix de son enfant la retienne au bord de l'abîme.

« — Que donne-t-on à Dieu?

« Des parfums, de la lumière et des chants, les expressions les plus épurées de notre nature.

« Eh bien! tout ce qu'on offre à Dieu n'était-il pas offert à l'amour dans ce poëme de fleurs lumineuses qui bourdonnait incessamment ses mélodies au cœur, en y caressant des voluptés, des espérances inavouées, des illusions qui s'enflamment et s'éteignent comme des fils de la vierge par une nuit chaude?

« A l'aspect de ces bouquets, j'ai souvent surpris Henriette les bras pendants, abîmée en ces rêveries orageuses pendant lesquelles les pensées gonflent le sein, animent le front, viennent par vagues, jaillissent écumeuses, menacent, et laissent une lassitude énervante.

« Jamais, depuis, je n'ai fait de bouquet pour personne !

« Quand nous eûmes créé cette langue à notre usage, nous éprouvâmes un contentement semblable à celui de l'esclave qui trompe son maître. »

ANALOGIE DES FLEURS.

ANALOGIE DES FLEURS.

ous offrons aux dames une science nouvelle, source inépuisable d'ingénieuses recherches, d'études gracieuses et pleines de charme.

Cette science, c'est l'analogie dont *Charles* FOURIER a le premier découvert et posé les lois précises.

Longtemps avant Fourier, une foule de penseurs et de philosophes proclamèrent qu'il y a unité dans l'univers, qu'un lien universel relie toutes les parties du système de la nature.

Les poëtes et l'instinct populaire lui-même ont entrevu également ce secret de la création.

On a compris de temps immémorial que la *rose* est l'emblème de la *pudeur;* la *vipère* l'emblème de la *calomnie;* que le *gui* symbolise le *parasite*, comme le *chien* symbolise l'*amitié*.....

L'Orient, cette terre privilégiée des fleurs et de l'amour, de l'imagination et de la poésie;

L'Orient, mystérieux berceau de la gracieuse mythologie païenne, a, depuis des milliers d'années, deviné le *langage des fleurs*, et, de nos jours aussi, les amants de Lahore et du Thibet entretiennent de douces correspondances au milieu des *bouquets allégoriques*.

Mais ces conceptions diverses, profondes ou ingénieuses, sont restées à l'état vague et confus, jusqu'à ce que Fourier fût venu les illuminer de son génie.

S'il y a unité dans le système de la nature, toutes les créations doivent se grouper autour du type supérieur qui est *l'homme*, et, en quelque sorte, se résumer en lui, c'est-à-dire que chaque chose ou chaque être créé par Dieu, minéral, végétal ou animal, doit offrir dans la *figure*, dans son développement, dans son *caractère*, l'emblème d'un sentiment, d'une passion, d'une *manière d'être* qui se trouvent dans nos sociétés humaines, dans notre monde intellectuel et moral;

Si la rose et la vipère sont des emblèmes frappants de certains effets de nos passions; si tout le monde comprend que le

gui inutile, qui, sous prétexte d'égayer les arbres de nos vergers, s'incruste dans leur écorce et se nourrit de leur substance, symbolise le parasitisme; tandis que la vigne, qui cherche également à s'associer, à former des liens avec tout ce qui l'entoure, mais qui n'embrasse nos arbres et nos murs que pour les orner et les enrichir de son riche feuillage et de ses grappes parfumées, que la vigne, mère de cette liqueur précieuse qui épanouit le cœur et dispose les hommes à la cordialité, à la confiance, ne peut être qu'un magnifique symbole d'amitié;

Si l'on devine sans peine que le cheval à la fière encolure, qui piaffe et hennit au son de la trompette, ouvre ses nâseaux fumants à l'odeur de la poudre et s'élance impétueux dans le carnage, à travers les balles et les boulets, est l'image fidèle du guerrier, comme l'âne humble, frugal et robuste, laborieux et opiniâtre, représente le paysan de nos campagnes;

Si, disons-nous, on accepte, on comprend ces analogies frappantes, pourquoi refuserait-on d'admettre que les autres plantes, les autres animaux offrent de même des allusions emblématiques, des tableaux fidèles de caractères?

Le système de la nature ne peut être contradictoire.

Elle n'aurait pas modelé dans quelques êtres les images de nos passions, tandis que d'autres seraient privés de ces rapports symboliques, et dépourvus ainsi d'amitié et d'analogie avec l'homme.

« *Il n'en est rien; l'analogie est complète dans les différents règnes; ils sont, dans tous leurs détails, autant de miroirs de quelque effet de nos passions :*

Ils forment un immense musée de tableaux allégoriques où se peignent les crimes et les vertus de l'humanité. »

(FOURIER. *Théorie de l'unité universelle.*)

Pour fournir à nos lectrices des preuves immédiates à l'appui de cette affirmation, nous allons leur offrir quelques analogies détaillées, empruntées soit à Fourier, soit à Toussenel, un de ses plus hardis continuateurs.

Mais d'abord, pour leur faciliter l'intelligence complète de ces minutieux travaux, nous devons leur faire connaître les lois fondamentales, la méthode et les règles de cette science nouvelle, et leur tracer les tableaux des emblèmes génériques qui les guideront dans leurs recherches, si, comme nous l'espérons, elles se sentent bientôt convaincues et attirées à ces études séduisantes.

Il est entendu que nous ne nous occupons ici que des analogies des plantes, et plus spécialement encore des fleurs.

La couleur et le parfum jouent un grand rôle dans ces charmantes productions de la terre, et doivent par conséquent donner des indications éminemment utiles aux analogistes.

La gamme des parfums n'est pas connue encore.

Notre odorat est trop grossier.

On s'est trop peu occupé de *l'éducation* de ce sens pour qu'il ait pu découvrir la série des odeurs, comme l'ouïe a découvert la série des sens, comme l'œil a découvert la série des couleurs.

Mais il est évident qu'une fleur à senteur âcre et forte ne peut représenter qu'une passion de même nature.

Qu'une corolle d'où s'exhale une suave odeur ne peut symboliser qu'un sentiment agréable, qu'un caractère attrayant, qu'une personnification gracieuse.

Quant aux fleurs privées de parfum, soyez sûr qu'elles représentent ou une position sociale, humble et rustique, qui ne permet ni le développement de l'esprit, ni le raffinement du cœur, comme la plupart des fleurs champêtres, ou une vertu peu en faveur dans le monde, comme la *tulipe, — justice;*

Ou une infortune cachée, comme la *couronne impériale, — savant méconnu;*

Ou un vice opulent, comme la *belsamine, — égoïste industrieux;*

Et l'*hortensia, — coquette prodigue.*

Quant aux couleurs, voici comment Fourier en indique l'analogie.

ANALOGIE DES COULEURS.

ANALOGIE DES COULEURS.

Violet, — amitié.

Azur, — amour.

Jaune, — paternité.

Rouge, — ambition.

Indigo, — esprit de rivalité.

Vert, — amour du changement, — travail.

Orangé, — enthousiasme.

Blanc, — *unitéisme*, — universalité, — passion de l'unité.

L'unitéisme, ou passion de l'unité, est le but commun de toutes les autres.

C'est la passion qui s'étend et s'universalise.

C'est Jésus-Christ chez qui l'*amitié* développée embrasse l'humanité entière; c'est Vincent de Paul, que la charité et l'amour de l'enfance entraînent à se faire le *père adoptif* de tous les orphelins, de tous les petits abandonnés; c'est Alexandre, c'est César, c'est Napoléon dont l'*ambition* veut soumettre le monde à la loi *unique* de leur génie.

Dans une sphère inférieure, un gastronome voudra régenter la cuisine universelle; une petite maîtresse voudra régénérer les toilettes de Paris et du monde entier.

Toutes les passions tendent à l'unitéisme, comme toutes les couleurs tendent au blanc dans lequel elles viennent s'unir.

Noir, — *favoritisme,* — attrait exercé par un individu.

Tel individu, roi ou reine de la mode, gai convive, joyeux compagnon, caractère entraînant, fascine toute la société dans laquelle il vit : Alcibiade, Aspasie, Léonard de Vinci, Bassompierre, Ninon, Garat, Marie-Antoinette....

Ce n'est pas de l'amour, ce n'est pas de l'amitié, c'est un charme indéfinissable, c'est le *favoritisme.*

Le favoritisme, qui se concentre sur l'individu est l'inverse de l'unitéisme qui s'étend sur l'universalité du monde.

Le *noir*, qui absorbe les sept rayons, est l'inverse du blanc, qui les réunit.

En dehors des sept couleurs primitives :

Gris, — pauvreté.

Brun, — pruderie.

Rosé, — pudeur.

Argentin (demi-blanc), — faible amour.

Lilas (demi-violet), — faible amitié.

Rosat (demi-rose), fausse pudeur, etc...

Mais la couleur et le parfum ne peuvent donner que des renseignements *superficiels* aux amateurs d'analogie.

Puisque nous ne pouvons apprécier avec justice un homme par les qualités extérieures qu'il étale à tous les yeux, pourquoi, lorsque nous analysons une plante, ne serions-nous pas dupe de ses apparences brillantes?

Nous ne devons donc pas nous en tenir dans nos recherches à un examen futile et de première vue : c'est dans les replis des feuilles, dans le contour des linéaments, dans les allures de la tige, c'est enfin la plante tout entière qu'il nous faut étudier dans son déveoppement, dans ses habitudes, dans toutes ses parties, depuis la racine jusqu'à la graine.

Voyons donc quelle signification donne aux divers membres des créatures végétales et aux diverses parties de leurs vêtements, l'enchanteur qui a posé les bases de cette gracieuse étude.

ANALOGIE DES PLANTES.

(PRINCIPES GÉNÉRAUX.)

ANALOGIE DES PLANTES.

(PRINCIPES GÉNÉRAUX.)

La **RACINE** est l'emblème des principes qui règnent dans l'essor de la passion que la plante symbolise;

La **TIGE**, emblème de la marche que suit la passion;

La **FEUILLE**, emblème du travail de la classe ou personne dépeinte, puis du travail et des soins, comme éducation et autres, qui ont préparé tel effet de passion;

Le **CALICE**, emblème des formes dont s'enveloppe une passion, des alentours qui l'influencent;

Les **PÉTALES**, emblème de l'espèce de plaisir attaché à l'exercice de la passion;

Les **PISTILS** et **ÉTAMINES**, emblèmes du produit que doit donner la passion ;

La **GRAINE**, emblème du trésor amassé par l'exercice de la passion ;

Le **PARFUM**, emblème du charme qu'excite la passion.

Voici les règles nouvelles à l'aide desquelles l'étude de la botanique va devenir aussi amusante, aussi féconde que jusqu'à ce jour elle a été aride et stérile.

Nos lecteurs n'ont qu'à se les rappeler pour comprendre tous les détails des analogies que nous leur offrirons pour modèle. Ils n'auront qu'à les appliquer avec soin s'ils veulent eux-mêmes fouiller cette mine précieuse où Dieu a déposé les vivantes empreintes des affections de l'âme humaine.

MODÈLES D'ANALOGIES.

MODÈLES D'ANALOGIES.

LE LIS.

(Vérité.)

La tige en est droite et ferme, comme la marche de l'homme véridique.

Elle se distingue par un entourage de follioles gracieuses :

Ainsi l'homme honorable et véridique brille par les traces d'estime qu'il laisse dans toutes ses fonctions industrielles ou administratives : (feuille et travail sont synonymes).

La corolle est, comme celle de la tulipe, un triangle sans calice, par analogie à l'homme véridique (lis), et à l'homme juste (tulipe).

Leur conduite ne s'enveloppe d'aucun mystère et marche à découvert.

Ainsi la racine bulbeuse du lis est entr'ouverte de toutes parts en lames détachées et laisse voir l'intérieur de l'oignon, par analogie à la marche de l'homme loyal, dont les principes et le fond du cœur sont à découvert.

Cette fleur, emblème de la pureté et de la droiture, a deux propriétés bizarres :

Elle est *perfide* et *reléguée*.

1° Perfide, en ce qu'elle barbouille d'une poudre jaunâtre celui qui s'en approche, séduit par son parfum.

Cette souillure, qui excite les huées, représente le sort de ceux qui se familiarisent avec la vérité.

Qu'un homme docile aux leçons des philosophes, et résolu à pratiquer *l'auguste vérité, qui est,* disent-ils, *la meilleure amie des humains,* s'en aille dans un salon dire la franche et bonne vérité sur les faits et gestes des assistants, sur les grivelages des gens d'affaires et les intrigues secrètes des dames présentes, il sera conspué, traité d'Ostrogoth philosophique, butor inadmissible en bonne compagnie.

Chacun, par une invitation à dépasser la porte, lui prouvera que *l'auguste vérité n'est point du tout la meilleure amie des humains*, et ne peut conduire qu'à des disgrâces quiconque veut la pratiquer.

La nature nous écrit cette leçon dans le pollen dont elle enduit les étamines du lis.

Il semble qu'elle ait voulu dire à l'homme attiré par cette fleur : *Défie-toi de la vérité; ne t'y frotte pas.*

C'est là le but de ce barbouillage qu'elle imprime sur les nez imprudents qui se frottent sans précaution à la fleur de lis, et se font, l'instant d'après, montrer au doigt par les enfants, comme on se fait montrer au doigt par les pères, quand on se hasarde à leur dire *l'auguste vérité.*

2° *Reléguée.* La vérité est belle, si l'on veut, mais belle à voir de loin ; et telle est l'opinion du grand monde, puisqu'il ne peut pas admettre la fleur de vérité.

On ne présente pas un bouquet de lis à une femme de bon genre; on ne verra pas de lis dans le salon d'un Crésus.

Toute belle qu'est cette fleur, sa forme, son parfum, son éclat, ne conviennent pas à la classe des sybarites.

Ils n'aiment le lis que de loin, comme la vérité; ils le relèguent dans les angles du parterre.

La fleur, comme bouquet, ne peut convenir qu'au peuple, qui ne craint pas les pesantes vérités.

Aussi voit-on le lis figurer dans les fêtes publiques et sur la porte des cabarets où règne la vérité.

Il charme les enfants qui ne craignent pas la bonne et franche vérité.

« Enfin on l'emploie à orner les statues et portraits des saints aux jours de fête.

Et c'est fort bien fait de placer le symbole de la vérité entre les mains des habitants du ciel.

Si elle est de recette en l'autre monde, elle ne l'est nullement en celui-ci.

D'autres emblèmes de vérité sont moulés dans les espèces de cette fleur.

Le lis orange représente une autre classe d'amants de la vérité, ces misanthropes atrabilaires qui la pratiquent avec rudesse et ne savent point la rendre aimable.

Aussi ce lis a-t-il tous les caractères de l'âpreté, il est sans parfum.

Sa couleur est celle de l'enthousiasme sévère, *orange sombre*.

(FOURIER.)

Lorsque l'art d'expliquer les fleurs se prend aux plus belles, on conçoit qu'il les traite avec conscience, avec amour.

On ne s'occupait guère autrefois que des plus colorées, des plus brillantes, comme le lis, la rose, le pavot, etc., parce que tout le monde connaissait ces reines de nos jardins et aimait à en entendre parler.

Avec la science nouvelle, les plus humbles végétaux deviennent intelligibles et intéressants.

Le buis, par exemple, si délaissé jusqu'à ce jour, méritait-il cet abandon ?

Rien n'est moins intéressant que le buis, dit Fourier.

Cependant, lorsqu'il nous détaille les caractères emblématiques du buis, il est difficile de ne pas le lire avec bonheur.

LE BUIS.

(Pauvreté.)

Cet arbuste habite les lieux arides et les terrains ingrats, comme l'indigent réduit au domicile dédaigné de tout le monde. Tel que le misérable qui endure les privations et se fixe au moindre gîte, le buis brave les intempéries et s'attache fortement au mauvais sol où il est relégué.

L'indigent n'a point de plaisirs, la nature a peint cet effet en privant la fleur de pétales.

Son fruit est une marmite renversée, image de la cuisine du pauvre qui est réduite à rien.

La feuille est creusée en cuiller pour recueillir une goutte d'eau, comme la main du mendiant qui cherche à recueillir une obole de la compassion des passants.

Son bois est serré et très-noueux, par allusion à la vie rude et à la gêne du misérable chez qui règne l'insalubrité, figurée par l'huile fétide qu'on retire du buis.

(Fourier.)

L'HORTENSIA.

(Coquette prodigue.)

L'*hortensia*, emblème de la coquetterie, étale *force parure*, plus de fleurs que de feuilles (j'ai compté cent huit grosses boules sur un hortensia de moyenne dimension). C'est une plante qui fatigue l'œil par ses massifs de fleurs : elle donne dans le même excès que la coquette qui voudrait consumer en colifichets toute la fortune du ménage. Par analogie, l'hortensia cache ses feuilles sous un fatras de fleurs inodores et à demi nuancées en *rose* ou demi-rose, *argentin* ou demi-bleu, *lilas* ou demi-violet, teintes ambiguës comme les sentiments de la coquette.

L'hortensia et la belsamine (égoïsme) sont deux fleurs qui ne vivent que pour elles et se refusent à la coupe. On ne peut employer l'hortensia *coupé* ni en bouquets à cause du fatras, ni en vases où il se flétrit subitement. Non coupé, c'est-à-dire en pots, il figure à merveille dans les salons et les jardins, comme la coquette dans le grand monde. Il n'a pas de parfum, parce que la coquette éblouit les yeux et fascine l'esprit sans trop gagner les cœurs; elle charme les sens : le lien est simple, il faut que le charme de la fleur soit simple, récréant la vue sans flatter l'odorat.

La coquette se ruine par le luxe, et l'hortensia, par analogie, craint l'astre du luxe, et périt d'un coup de soleil. La coquette au déclin de l'âge, appauvrie par ses folles dépenses, est forcée de s'industrier : par imitation, l'hortensia, après avoir amplement brillé, perd son coloris, son luxe, et prend la nuance du travail, le vert, couleur de la feuille. Il n'arrive qu'au demi-vert, parce que la coquette ne revient qu'à un demi-travail allié aux intrigues. Enfin, à un âge avancé, elle tombe dans le rôle de prude, et l'hortensia, par allégorie, revêt dans l'arrière-saison la couleur de la pruderie, le *brun*, nuance de la scabieuse, qui est fleur de la pruderie, rebelle à la main qui veut la cueillir.

Les coquettes du grand ton sont des femmes qui ont reçu une éducation soignée; et, pour emblème de ce travail préparatoire, la nature donne à l'hortensia une feuille élégamment dentée en losange symétrique. La fleur semble privée d'étamines et de pistils; c'est le tableau de la coquette qui ne s'occupe nullement du rôle productif; aussi les parties de la fructification sont-elles cachées dans l'hortensia, fleur qui, pour arriver à la perfection, exige un grand attirail de soins : sa toilette agricole est des plus compliquées, image exacte des personnages que représente la fleur.

(FOURIER.)

LE GUI.

(Parasite.)

Si l'hortensia représente avec une fidélité scrupuleuse la coquette prodigue, le gui, si révéré des prêtres de la Gaule antique, n'est pas une image moins fidèle du parasite.

Le gui se nourrit exclusivement des ressources de l'arbre auquel il s'est accolé.

Son feuillage a une apparence flatteuse, il semble vouloir décorer de ses baies de neige et de sa verdure tendre l'écorce nue des branches où il se pose.

Son attitude est du reste variée ; il se développe indifféremment en sens direct ou en sens inverse, comme l'intrigant qui sait prendre tous les masques, se façonner à toutes les allures.

Par sa feuille effilée et grasse il figure la duplicité.

Son suc, dont on obtient la glu avec laquelle on tend des piéges où viennent se prendre les pauvres oiseaux, est un emblème des ruses du parasite qui, toutes épaisses qu'elles sont, suffisent pour attirer les sots dans leurs filets.

LA COURONNE IMPÉRIALE.

(Génie méconnu.)

Voyons le portrait de la noble industrie humiliée. C'est celle du savant ou artiste.

Il est peint dans une fleur nommée *Couronne impériale*, donnant six corolles renversées et surmontées d'une touffe de feuillage.

Cette fleur, qui a la forme de vérité (forme triangulaire du lis et de la tulipe), excite un vif intérêt par l'accessoire de six larmes qui se trouvent au fond du calice.

Chacun s'en étonne; il semble que la fleur soit dans la tristesse; elle baisse la tête et répand de grosses larmes qu'elle tient cachées sous les étamines.

C'est donc l'emblème d'une classe qui gémit en secret.

Cette classe est très-industrieuse, car la feuille porte en bannière le signe d'industrie, la touffe de feuilles groupées au haut de la tige, en symbole de la haute et noble industrie des sciences et des arts.

La classe d'industrieux qui gémit en secret, est celle des savants utiles et obligés de fléchir devant le vice heureux.

Aussi la plante incline-t-elle ses belles fleurs en attitude humiliante.

Elles sont gonflées de larmes cachées, image du sort des savants et des artistes, qui font l'ornement principal de la société et n'en sont payés que par des dégoûts, tandis que les agioteurs et sangsues amoncèlent des trésors en quelques instants.

Cette fleur est de couleur orange, qui est celle de l'enthousiasme, par analogie à la classe industrieuse des savants et artistes qui n'ont d'autre soutien que l'enthousiasme contre la pauvreté et les humiliations dont ils sont abreuvés dans le jeune âge.

A la suite d'une pénible jeunesse, ils parviennent à obtenir quelque relief ou quelque petit bien-être.

Par imitation, la fleur, après avoir passé le bel âge dans une attitude humiliante, élève enfin son pédoncule et sa capsule de graine; mais il est trop tard pour prendre cette attitude quand le pédoncule n'est plus orné de sa belle fleur et n'a plus qu'une triste gousse à présenter.

Cet effet dépeint le tardif bien-être des savants et artistes, qui ne peuvent lever la tête, sortir de l'état de gêne et d'oppression, qu'après avoir consumé péniblement leur jeunesse à amasser quelque argent, après avoir fléchi dans leurs jeunes années sous le poids de la détraction, de la pauvreté, de l'injustice, et perdu les beaux jours de leur vie à préserver leur vieillesse de l'indigence.

(Fourier.)

L'IRIS.

(Mariage.)

En regard de ces chefs-d'œuvre, on pourrait placer, pour faire contraste, quelques-unes de ces analogies banales faites à la hâte et presque toujours fausses, comme celles qui font de l'acacia l'emblème de l'amour platonique, de la balzamine celui de l'impatience, et du pavot blanc le symbole du sommeil du cœur.

Cela nous ferait apprécier davantage le charme de vérité attaché à l'étude consciencieuse de la plante entière.

Une des analogies les plus risquées dans le genre de ces dernières est assurément celle qui fait de l'iris l'emblème du message.

Où l'auteur de cette boutade a-t-il trouvé cela? dans le nom de la fleur probablement ; il n'y a en effet que le nom de la messagère céleste qui puisse justifier une pareille ânerie.

Voici au vrai ce que symbolise l'iris :

L'iris, dit l'auteur des analogies que nous venons de lire, l'iris est un emblème de mariage, de mariage de convenance surtout.

La fleur fournit successivement deux corolles qui semblent s'éviter, s'isoler l'une de l'autre. On voit la seconde, longtemps cachée, apparaître inopinément dès que la première est passée.

C'est l'image du lien conjugal, où un homme presque suranné s'unit à une jeune femme. L'âge du plaisir n'est plus commun entre eux ; il finit pour l'un et commence pour l'autre : aussi la seconde fleur n'éclot-elle que lorsque la première est flétrie.

La corolle de l'iris paraît formée de trois fleurs distinctes et réunies forcément par leurs extrémités. Le mariage de convenance est de même un composé de trois affections bien distinctes, et péniblement amalgamées. Ce sont : l'amour matériel simple, représenté par le bleu terne, la ligue des intérêts domestiques contre les intérêts généraux, symbolisés par le violet faux, enfin le lien de paternité, qu'indique la couleur jaune.

Il en est tout autrement des mariages par inclination.

NENUPHAR. FLEURS DES EAUX

G. DE GONET, Éditeur

LE NÉNUPHAR.

(Tartufe moral et politique.)

Eh quoi ! une fleur si belle, à la physionomie si candide !...

Précisément, et c'est là qu'est le péril.

Le Tartufe moral et politique affecte aussi la couleur de l'innocence.

La blanche corolle du lis n'est pas plus pure que celle du nénuphar; le jour non plus, n'est pas plus pur que le fond du cœur d'un Tartufe.

Doux est son regard et mielleux son langage.

Sa parole souple et flexible s'insinue agréablement dans l'âme de sa dupe, grâce au léger parfum de flatterie dont elle est imprégnée, parfum de nénuphar.

Le nénuphar se plaît au sein des eaux fétides, comme le Tartufe moral et politique au sein des sociétés faisandées, sa racine a besoin de nager dans la vase...

La racine du nénuphar, longue de plusieurs mètres, couverte d'écailles, parsemée de larges taches noires et de renflements hideux, est un véritable... crocodile, un emblème parlant de cruauté et de voracité.

Sa tige est un... serpent!

Une affreuse tige verdâtre, contournée en spirale et qui n'en finit pas, et qui a étouffé plus d'un baigneur infortuné dans ses orbes perfides.

Le serpent est emblème de calomnie vénéneuse, emblème du Rodin, du moraliste qui calomnie la passion et le plaisir pour gagner de quoi satisfaire ses passions et ses plaisirs.

Mais pourquoi la tige du nénuphar est-elle contournée en spirale?

La tige du nénuphar est contournée en spirale, pour pouvoir

s'allonger ou se replier suivant que le niveau de l'eau monte ou s'abaisse, et de manière à maintenir constamment la fleur à la surface.

Apologue effrayant de profondeur et de vérité !

Tout le monde a reconnu dans cette tige élastique et tortueuse, la conduite élastique et tortueuse du Tartufe, du jésuite moral et du jésuite politique qui nage entre deux eaux, qui parle ou se tait, se montre ou se cache, suivant que son intérêt personnel l'exige, et de manière à se tenir constamment *à la hauteur* des circonstances, *au niveau* des événements...

Le suc de la racine du nénuphar glace le sang, paralyse la jeunesse.

On l'emploie dans certains établissements publics pour amortir les élans de la chair et comprimer l'amour.

C'est le virus moralique et philosophique que les leçons de tartuferie civilisée inoculent aux esprits de la jeunesse, virus honteux, qui paralyse l'essor de ses aspirations généreuses, l'abâtardit, la crétinise, fait de l'homme un épicier...

La feuille du nénuphar qui s'épanouit large et luisante à la surface de l'eau paisible, vous représente le travail facile et lucratif de ces pieux docteurs de la doctrine compressive, qui prêchent avec ferveur l'abstinence, mais à la condition de ne jamais s'en servir, qui déclament contre les raffinements du luxe et dorment sur l'édredon.

La vipère s'enroule volontiers au soleil, sur la feuille lisse du nénuphar.

Le brochet se cache dessous.

Raison de la sympathie des Faringha et des Morock pour les Rodin.

Appliquée à nu sur la poitrine de l'homme, la feuille glaciale du nénuphar comprime d'abord, puis précipite les battements du cœur et détermine la fièvre.

Ainsi la doctrine de compression, à force de refouler les passions et les besoins de l'homme, en provoque l'explosion, et entretient d'éternelles sources de divisions, de guerres et de crimes au sein de l'organisme social.

On ne se révolte pas impunément contre Dieu.

L'histoire du passé n'est pas autre chose que le récit des effets du nénuphar appliqué à haute dose au gouvernement des États.

Ce qui explique encore pourquoi le nénuphar a toujours joui d'une grande réputation de sainteté auprès des moralistes et des princes des prêtres de toutes les religions.

(A. Toussenel.)

Ceux qui aiment le nénuphar pour la molle placidité de son feuillage en cœur si élégamment étalé sur les eaux, à cause de la pureté candide de ses fleurs en lotus, plus larges que la rose et plus coquettes que le lys, seront tristes en lisant cet acte d'accusation en règle formulé contre lui, en style trop séduisant pour ne pas convaincre.

Quel malheur qu'un si joli moule cache un naturel aussi perfide !

Il ne faut pourtant pas se désoler outre mesure, les vices du nénuphar ne sont pas entièrement désespérés.

Dans le règne animal, le tigre rayé et toute la gracieuse famille des léopards, dont la robe fauve est semée de roses noires d'un goût irréprochable, ont-ils des analogies beaucoup plus consolantes ? Hélas, demandez-le à Toussenel, qui a si merveilleusement interprété l'*Esprit des bêtes,* que de perfidies et de férocités se cachent sous la séduisante enveloppe des félins !

Et cependant nous ne désespérons pas de mettre un jour le caractère de cette race opulente en harmonie avec sa robe.

C'est là une partie de la mission créatrice des générations futures. Cette transformation s'opérera lorsque la femme sera parvenue à jouir de l'influence légitime et de la suprématie d'autorité qui lui sont dues dans les affaires de ce globe.

Notre société contient certes plus d'hypocrites que les eaux de nos étangs ne contiennent de nénuphars ; elle voit se débattre dans son sein plus de passions perfides et féroces que les pampas d'Amérique, les jungles de l'Inde et les solitudes de la Terre des Nègres ne voient circuler de tigres et de léopards.

Si, comme c'est notre espérance à tous, chrétiens ou panthéistes, la femme doit un jour purger la société de toutes ses perversités, combien lui sera-t-il plus facile encore de régénérer ces types mauvais, destinés aujourd'hui à nous faire honte des monstruosités sociales qu'ils symbolisent.

Ne désespérons donc pas de la conversion du nénuphar !

LE CHATAIGNIER.

(Travailleur.)

La place des châtaigniers n'est pas dans le jardin des rois (comme le marronnier des Tuileries, emblème des armées de luxe), mais sur le flanc de l'aride montagne.

Car le châtaignier symbolise le soldat de l'industrie, le travailleur utile.

Sa nature indépendante et vigoureuse ne sait pas se prêter, comme la tige molle du marronnier au ciseau des Lenôtre.

C'est un *mauvais esclave*, comme le Corse et le Klephte, et qui, comme eux, préfère l'âpre séjour des monts tourmentés par la bise au séjour des cités dont l'air épais le tue.

Le marronnier dit : « Tout pour les yeux. »

Le châtaignier dit : « Tout pour l'utile. »

Le châtaignier, en effet, n'éblouit pas les yeux par le luxe de ses fleurs.

Sa pauvre fleur, hélas ! elle est dépourvue de corolles.

La corolle est l'emblème du plaisir, le lit nuptial de la plante, comme l'a baptisée Linnée, et le travailleur utile a été condamné à reposer sur la dure.

Point de corolles donc, mais force étamines dans la fleur jaune du châtaignier, disposée en chaton comme celle du noyer et du noisetier, et de tant d'autres arbres utiles.

Fleur féconde comme le grabat du prolétaire.

Et cette fleur, à l'odeur significative, produira un fruit dont l'enveloppe sera garnie d'épines, en signe des pénibles labeurs qui l'auront enfanté.

Mais ce fruit servira à nourrir l'homme et non plus à amuser l'enfant, comme le fruit du faux châtaignier, du marronnier improductif.

Le tronc vermoulu du marronnier des Tuileries sert de refuge aux insectes destructeurs.

Le bois sain et vigoureux du châtaignier de la montagne repousse la vermine.

Et quand l'industrie humaine emploie ce bois à soutenir la toiture des vastes édifices où l'on va prier Dieu, l'arome qui émane du bois saint tient à distance la hideuse araignée, en signe de la répulsion légitime de la noble industrie pour le marchand parasite que le Christ a chassé du temple, et dont l'araignée est l'image...

Il y a union intime entre le châtaignier et la vigne.

C'est le bois du châtaignier qui fournit à la vigne son plus fidèle tuteur, son plus solide appui.

C'est le même bois qui fournit les meilleurs cercles pour relier les futailles où se conserve le précieux liquide.

Tous deux, le châtaignier, la vigne, croissent aux flancs les plus escarpés des montagnes, pour démontrer à l'homme qu'il n'est pas de sol si ingrat que ne puisse féconder le travail.

Et voyez jusqu'à quel point le châtaigner pousse l'amour de l'utile et l'horreur de la destruction !

Ce bois si sain, si pur, qui supporte sans faiblir pendant des milliers d'années des toitures de plomb, le châtaignier se refuse à brûler dans l'âtre comme une bûche éphémère.

Fier du sentiment de sa valeur, il se révolte contre la flamme qui veut le détruire, noircit sans vouloir rendre à l'homme la chaleur que celui-ci lui demande, et menace d'incendier de ses éclats redoutables la demeure de l'imprudent qui méconnaît sa nature et ses droits.

Ces montagnards robustes et sobres qui descendent tous les ans de leurs hautes montagnes à la fonte des neiges, ces entrepreneurs de tous les travaux pénibles, qui se répandent au printemps par les riches vallées où une moindre misère a moins éperonné l'industrie, ces rudes pionniers qu'on appelle les Limousins, les Auvergnats, les Basques, dont les beaux esprits disent qu'ils n'ont reçu d'autre mission en ce monde que de suppléer le chameau, ces hommes de peine des nations sont les compatriotes du châtaignier.

Ceux-là non plus ne sacrifient ni à l'élégance ni aux grâces; ils ne meurent pas en héros.

Et parce qu'ils n'ont fait que verser leurs sueurs sur la terre et non le sang d'autrui, l'histoire n'a pas une voix pour eux, et l'obscurité qui plane sur leur berceau s'étend sur leur cercueil.

(A. TOUSSENEL.)

Au moment où paraissait ce parallèle éloquent, scrupuleux, spirituel et scientifique du châtaignier et du marronnier des Tuileries, on découvrit un emploi au fruit amer de ce dernier.

On était parvenu à en extraire de la fécule aussi saine et aussi blanche que celle de la pomme de terre; ce marron, âpre et sauvage, pourrait servir désormais à faire des gâteaux légers et savoureux pour les estomacs délicats des femmes et des enfants.

A cette découverte inattendue, des esprits aussi légers que la fécule nouvellement inventée eurent la témérité d'accuser d'erreur l'auteur des pages que nous venons de vous citer. C'était pour eux un véritable triomphe, surprendre en flagrant délit d'inexactitude un des plus forts champions de l'analogie!

Il n'est rien d'aussi téméraire que les demi-savants, et ceci est bien fait pour le prouver.

En effet, soyons assez bons pour songer un instant aux procédés par lesquels on est arrivé à trouver un emploi au fruit du marronnier des Tuileries. Le châtaignier, lui, est utile tout bonnement, tout simplement; vous n'avez qu'à recueillir et à mettre au feu les châtaignes qu'il produit.

Les marrons d'Inde, au contraire, il faut les laver à plusieurs eaux, les lessiver avec soin, les décanter patiemment. Il faut leur faire perdre lentement cette provocante âpreté, ce goût barbare et sauvage sous lequel ils affectent de déguiser ce qu'il peut y avoir de vraiment utile en eux.

Toussenel a-t-il jamais nié qu'au moyen du même travail de transformation on puisse parvenir à tirer quelque chose des prolétaires qui composent nos armées de luxe?

Non.

Vous voyez donc bien que cette fois au moins notre ami ne s'est pas trompé.

LE HOUX.

(Ambition guerrière.)

Tout dans l'aspect du houx dit la contrainte et l'indigence, mais l'indigence revêtue.

Le houx affectionne les terrains rocailleux, les collines incultes, les expositions du nord.

Vous voyez là de prime abord l'emblème d'une institution contemporaine des sociétés lymbiques.

Le buisson de houx, présentant de tous côtés les dards de son feuillage à l'imprudent visiteur qui s'en approche, figure assez exactement le fort détaché défendu par ses chevaux de frise.

Une foule de mauvaises bêtes, bêtes de proie et de rapine.

fouines, renards et serpents, foisonnent au sein de ses fourrés.

Le lecteur est parfaitement libre d'apercevoir ici une allusion malicieuse aux fournisseurs des vivres et aux agents comptables, vulgairement nommés *Rizpainsels*.

On dit en langage de chasse, *un fort* de houx.

La fleur de houx, maigre, pâle, chétive, dépourvue de parfum et d'éclat, ne donne pas une idée avantageuse des amours du soldat.

L'amour est une passion de luxe, et tout le monde sait qu'en France aussi bien qu'en Autriche, le militaire n'est pas riche.

Le fruit est une petite baie rouge, amère et décevante comme le fruit qui se récolte le plus généralement dans la carrière des armes, *fructus belli*.

Elle porte la livrée écarlate, couleur caractéristique d'ambition, et cette couleur s'attache au fruit, par allusion à l'idée fixe du héros, qui est de faire souche de duché ou de dynastie.

Ne disons mot de la racine, qui sert à fabriquer d'odieuses pipes.

Le tabac est le narcotique avec lequel le troupier aime à charmer ses loisirs.

La feuille, semblable à celle du buis, rude et luisante, symbolise encore mieux que la fleur la pauvreté du soldat.

Elle affecte la forme d'un polygone régulier, par analogie aux manœuvres et aux exercices de la profession militaire.

Elle demeure toujours verte, en signe d'un travail rigoureux, perpétuel et monotone.

Cette feuille est bardée de baïonnettes et de sabres-poignards, à l'instar du guerrier sous les armes.

Qui s'y frotte s'y pique.

Elle se dédouble sans peine, et alors la couche inférieure sert à confectionner des appeaux et des mirlitons, jouets chéris du moutard.

Ainsi le bon gendarme, après avoir déposé la formidable culotte de peau et le terrible tricorne, redevient homme comme un autre et fait danser sur sa cuisse gauche ses marmots caressants.

La tige du houx, droite et flexible, quoique noueuse, toujours en grande tenue, vous représente le factionnaire au port d'armes, souple devant ses chefs, impitoyable pour le flâneur.

On l'emploie dans les arts (la tige) à faire des manches de fouet, instrument de contrainte.

Emblème saisissant de l'institution des armées permanentes et des gardes royales, ces instruments de contrainte à l'usage des despotes, et qui ont inspiré cette fameuse définition des sociétés civilisées et barbares :

Une minorité d'esclaves armés, maintenant sous le joug de l'obéissance une majorité d'esclaves désarmés.

Et pourtant je ne sais quel caractère de noblesse et de respect de soi perce dans les moindres allures du végétal hérisson.

Le soldat est pauvre, mais honnête; l'étoffe de son habit ne coûte pas cent francs l'aune, mais son habit est propre et bien brossé; ses buffleteries et ses armes reluisent au soleil.

Il y a de l'honneur sous cette modeste capote grise, et j'approuve la fierté du soldat, car l'armée pivote sur le sentiment de la solidarité et du dévouement, et il y a chez elle un esprit de corps qui est une garantie de fidélité, de probité, de bravoure.....

C'est parce que la profession militaire a le privilége d'exercer un certain prestige sur les imaginations aventureuses, de jeter de la poudre aux yeux, comme on dit, que la nature ingénieuse a placé sous l'écorce du houx une substance perfide, la glu avec laquelle l'oiseleur cloue les ailes aux rouge-gorge imprudents.

La glu, c'est le langage captieux du racoleur qui fait accroire à ses malheureuses dupes que *tout conscrit porte dans sa giberne le bâton de maréchal de France.....*

L'infusion des feuilles du houx, prise à l'intérieur, purge avec une violence dangereuse, et fournit un argument puissant contre l'emploi à haute dose de la baïonnette dans le traitement des maladies sociales.

Le progrès agricole n'a pas de plus formidable adversaire que le houx. Il sent que le progrès menace son existence; aussi est-ce un conservateur-borne de bas titre, un partisan effréné du *statu quo* et de la routine.

Maintenant, transplantez le houx farouche de la montagne au sein de nos parterres; donnez-lui une éducation brillante, introduisez-le de force dans la société des camélia, des hortensia et d'une foule d'autres jolies femmes, petites maîtresses ou grandes coquettes, et vous l'allez voir immédiatement se raffiner de ton et de manières; vous l'allez voir se dépouiller de ses aspérités et se rogner les ongles. C'est le jeune officier des armes savantes, l'élève de l'École polytechnique et de Saint-Cyr, partisan dévoué de toutes les réformes, et pas culotte de peau.

A. TOUSSENEL.

Ces exemples doivent suffire pour indiquer à nos lectrices les méthodes qu'elles doivent suivre dans la recherche des analogies.

Pour leur faciliter davantage ces études, nous leur offrons un nouveau dictionnaire allégorique ou *langage des fleurs*, rédigé d'après les principes de la science analogique.

Nous avons ajouté à ce tableau quelques indications des caractères généraux et des premiers aperçus qui nous ont guidés dans ce travail où, nous nous empressons de l'avouer, on trouvera plutôt des esquisses souvent incomplètes que des portraits achevés.

La vie d'un homme suffirait à peine à accomplir la centième partie de cette tâche.

L'analogie est une science aussi immense que charmante; elle remplirait à coup sûr des milliers de gros volumes pour le seul règne végétal, et comme une seule plante peut, dans ses détails, présenter cent problèmes, l'analogie offre à l'intelligence humaine une perspective infinie de ravissants travaux.

Lisez, par exemple, l'*Histoire du Fraisier*, de Bernardin de Saint-Pierre, ce fraisier, venu un beau matin se camper sur la fenêtre de l'auteur de *Paul et Virginie;* et vous serez ébloui de la richesse, de la variété et du nombre sans bornes des observations que cette petite plante peut offrir à un naturaliste consciencieux.

Laissons-le parler lui-même; après avoir raconté dans son style éblouissant les formes et les mœurs des insectes qui fréquentaient sa plante, malgré sa position anormale sur une fenêtre de Paris, Bernardin de Saint-Pierre veut examiner à son tour une partie des merveilles offertes aux yeux microscopiques de ses visiteurs ailés.

« En examinant les feuilles de ce végétal au moyen d'une lentille de verre qui grossissait médiocrement, je les ai trouvées divisées par compartiments hérissés de poils, séparés par des canaux et parsemés de glandes.

« Ces compartiments m'ont paru semblables à de grands tapis de verdure, leurs poils à des végétaux d'un ordre particulier, parmi lesquels il y en avait de droits, d'inclinés, de fourchus, de creusés en tuyaux, de l'extrémité desquels sortaient des gouttes de liqueur; et leurs canaux me paraissaient remplis d'un fluide brillant.

« Sur d'autres espèces de plantes, ces poils et ses canaux se présentent avec des formes, des couleurs et des fluides différents. Il y a même des glandes qui ressemblent à des bassins ronds, carrés ou rayonnants. Or, la nature n'a rien fait en vain. Quant elle dispose un lieu propre à être habité, elle y met des animaux. »

Ainsi, partout et toujours, l'infini dans le fini.

On comprendra donc que notre œuvre n'est en quelque sorte qu'une ligne préparatoire simplement destinée à rectifier des notions fausses, et à indiquer la voie de ces investigations nouvelles. Nous laissons à nos lectrices le soin d'en combler les lacunes et d'en corriger les erreurs, bornant notre ambition et nos prétentions à éclairer cette route inconnue, à mettre sous leurs yeux cette page inaperçue du grand livre de la nature.

LANGAGE ANALOGIQUE DES FLEURS.

LANGAGE ANALOGIQUE DES FLEURS.

Absinthe, — amertume.

Acacia blanc, — prodigalité.

L'ACACIA est le symbole de la prodigalité affectueuse de la jeunesse; il jonche le sol de fleurs odorantes; le blanc pur de ses corolles indique ce désir de sympathie universelle qui entraîne l'adolescent dans cette facilité à répandre ce qui est à lui. A l'automne cependant, la richesse odorante de l'acacia blanc a fait place au dénûment; il porte ses fruits secs et sans valeur dans des siliques brunes, dans des besaces noirâtres, et les feuilles élégantes, finement découpées en ovale, de son beau vêtement d'été, ressemblent alors à des coques flétries. Les dons du prodigue sont tombés sur un sol égoïste; sa libéralité l'a ruiné dans une société avare; alors il se hérisse de boutades piquantes, de pointes acérées; comme l'arbre qui le représente se couvre de paquets d'épines et laisse voir son écorce déchirée et largement sillonnée de rides.

Acacia rose, — frivolité.

L'ACACIA ROSE, au contraire, ne se pare que pour lui. Il ne donne que des fleurs sans parfum; sa tige est peu élevée; son travail frivole ne l'épuise nullement, et il reproduit ses grappes coquettes et rosées lorsque le premier semble déjà atteint par le vent d'hiver.

Acajou, — faux luxe.

Acanthe, — arts.

L'ACANTHE ne se distingue que par sa feuille artistement ciselée, aux courbes harmonieuses, à la forme riche, aux contours fouillés avec délicatesse et bon goût. Les Grecs qui connaissaient si bien la nature vivante, avaient mis ce fleuron sculpté par Dieu au chapiteau de la colonne corinthienne usitée pour la première fois dans un temple d'Apollon.

Achillée, — mérite caché.

Aconit, — amour trompeur.

L'ACONIT, ou *char de Vénus,* est paré comme une riche courtisane, ses feuilles sont un faisceau de vigoureuses broderies, la fleur d'un bleu céleste, couleur d'amour, représente, quand on en sépare les deux lobes, deux colombes conduisant l'emblème de Vénus dans un char d'azur. Cependant, malgré ces gracieuses apparences, cette plante contient en elle un poison violent.

Adonide, — séparation.
Agave, — droiture.
Ajonc, — famille sauvage.

L'AJONC, comme les familles nomades, erre sur les grèves, les landes et les coteaux arides; sa tige est épineuse comme l'abord de ces pauvres gens, et il porte ses graines comme les Hottentotes portent leur progéniture, sur le dos.

Amandier, — inexpérience de la jeunesse.

L'AMANDIER. Ses fleurs rosées s'épanouissent étourdiment au premier soleil sans s'inquiéter des gelées du printemps.

Amaranthe, — humeur guerrière.

L'AMARANTHE, qui, au-dessus de ses feuilles rudes et grossières, porte un panache rouge lie de vin, est l'image de l'ambition du sabre et de la vocation militaire.

Amaryllis, — ambition élevée.

AMARYLLIS. Cette fleur porte sa tige droite et ferme; sa corolle est un triangle sans calice, emblème de rectitude et de vérité; sa fleur est rouge, couleur de l'ambition, et marquée à chacune de ses splendides pétales, d'une raie blanche qui indique l'unité et l'étendue de vues.

Ananas, — perfection.
Ancolie, — prétention.

Dans l'ANCOLIE la prétention est partout : dans la symétrie puérile de ses feuilles trilobées, dans les tuyaux réguliers et mesquins de sa corolle et dans les airs tour à tour languissants ou évaporés que prend sa fleur sans parfum et à couleurs fausses, bleuâtre ou rosâtre. L'ancolie était la fleur de prédilection d'un de nos plus charmants écrivains, quoique légèrement prétentieux. C'était la préférée de Charles Nodier.

Anémone, — ouvrière parvenue.
Angélique, — sauvage attrayante.

L'ANGÉLIQUE se plaît dans les bois où l'on va la chercher. Son odeur est primitive, savoureuse et forte. Elle perd facilement le reste d'âcreté que contient sa tige droite et ferme quand le sucre est mis en contact avec elle. (Voir *Canne à sucre.*)

Anserine, — niaiserie.
Arbousier, — enfant rustique.
Argentine, — moraliste.
Armoise, — calme des sens.

Arum, — empirisme.

Asphodèle, — religiosité.

Aspic, — calomnie.

Aster, — foule inquiète.

L'ASTER ne donne qu'à l'automne, après un travail long et patient, ses nombreuses fleurs teintées de violet qui ne sont supportables que par leur réunion : image de la foule laborieuse qui ne sort de ses ateliers que sur la fin du jour ou de la semaine. Cette plante étend et propage largement ses rejetons et livre aux vents de l'équinoxe ses longues tiges qui s'agitent au moindre souffle et renversent en tous sens leurs innombrables corolles.

La couleur des fleurs de l'Aster symbolise un accord de sentiment prompt mais vague; il y a de la propagande dans la disposition radiée de leurs pétales, et la variabilité des évolutions des tiges indique une unanimité de direction aussi facile à faire naître que difficile à conserver.

Les jardiniers, comme les gouvernements à l'égard des peuples, n'ont jusqu'ici trouvé d'autres moyens de modérer l'agitation inquiète des asters qu'en les comprimant par des liens étroits sous la tutelle d'une bûche immobile.

Astragale, — fausse philanthropie.

L'ASTRAGALE est une fausse réglisse dont le suc douceâtre a un principe d'amertume insupportable.

Aubépine, — ouvrière des champs.

L'AUBÉPINE symbolise la fillette de la campagne, fraîche et rieuse; l'odeur un peu amère de la fleur représente la plaisanterie quelquefois piquante qui sort de sa bouche. Son travail est dur comme le bois épineux de l'arbuste, et ses fruits ne lui profitent nullement.

Baguenaudier, — jeux enfantins.

Balizier, — sociétés de tempérance.

Balzamine, — économie.

La **Balzamine** est l'emblème de l'économie industrieuse; sa feuille surmontant les fleurs symbolise l'homme prudent qui veut que le travail et le bénéfice excèdent la dépense et le plaisir. Du reste, sans parfum, sa fleur serrée contre la branche ou la tige, ne se laisse pas cueillir et n'offre pas de pédoncule. Dernier point de ressemblance : La fortune, amassée par l'homme vigilant, se dissipe entre les mains d'héritiers imprudents, et, par analogie, la graine ou héritage de la balzamine éclate et se dissipe entre nos mains, au moment où nous la cueillons.

Bananier, — abondance.

12

Baobab, — longévité.
Barbane, — superstition.
Basilic, — travail modeste.

Le **Basilic** porte la passion, c'est-à-dire l'odeur, le parfum dans ses feuilles fines, abondantes et lustrées.

Bassin d'or, — luxe champêtre.
Baume, — consolation.
Belladone, — fausse morale.

La **Belladone** donne pompeusement un suc stupéfiant en faible dose, et vénéneux en dose suffisante.

Belle de jour, — jeune bourgeoise.
Belle de nuit, — timidité.
Blé, — bienfaisance.

L'usage du **Blé** est presque universel, c'est la ressource ordinaire à la vie de beaucoup de peuples. Il est ingénieux à changer de formes pour s'adapter au climat, comme l'homme bienfaisant pour ménager les divers caractères de ses obligés. Orge et seigle dans l'extrême nord, froment dans les pays tempérés, il éparpille ses graines pour s'éventer dans les climats brûlants et devient le riz.

Bluet, — amour champêtre.

Le **Bluet** vient sans culture, dans les champs et non dans les jardins. Sa jolie fleur bleue a peu d'arome, parce qu'il représente l'amour simple, sans palpitations, sans désir ardent ni incidents tragiques.

Bouleau, — propreté.

Boule de neige, — art inutile.

Bourrache, — sœur de charité.

La BOURRACHE, plante humble et modeste, à fleurs alignées, teintées de bleu violet, mélange d'amour et d'amitié. Sa feuille est grise et cotonneuse pour simuler la bure que revêt la vierge consacrée aux hospices.

Brise tremblante, — caquets.

BRISE TREMBLANTE. Cette graminée à la tige grêle et effilée porte à son sommet de petites gousses grises et plates, sans cesse en mouvement. Les grisettes l'affectionnent parce qu'elles en ont compris l'analogie.

Bruyère, — pastorale.

Buglosse, — fermière.

Bugrane, — obstacles.

Buis, — pauvreté.

Le BUIS a trouvé déjà sa place dans les exemples d'analogies complètes que nous avons extraits des travaux de Fourier. C'est donc là qu'il faut aller chercher l'explication de sa fleur sans pétales, de sa feuille creusée en cuillère et de son fruit en forme de marmite renversée.

Buisson ardent, — fanfaron.

Le **Buisson ardent** a une parenté non équivoque avec le houx; il y a du Chauvin aussi dans ce gaillard-là. Il aime les pompons, les passepoils rouges et les épaulettes de laine garance, qu'il imite le mieux qu'il peut avec les baies brillantes dont il cache presque complétement ses feuilles. La parade est son fait; il se laisse volontiers placer en haie, afin de passer l'inspection et de déployer ses ambitieuses couleurs.

Cacaotier, — dévouement.

Cactus, — humoriste.

Le CACTUS a un abord épineux, une tige fantasque à pans aigus. On ne sait comment la prendre. A côté d'un jet vigoureux on voit souvent végéter une branche étiolée, sans raison de sécheresse ni d'humidité. Enfin, quand il fleurit, il est éclatant d'originalité et de splendeur. Sa vaste corolle rouge, largement colorée d'ambition, tendrait à faire croire que cette passion contrariée lui donne sa tournure bizarre, comme il arrive si souvent aux ambitieux mécontents que nous coudoyons.

Caféier, — enthousiasme.

Calebassier, — précaution.

Calcéolaire, — bizarrerie.
Camélia, — femme du grand monde.

Le **Camélia** fleurit en hiver, au moment des bals et des soirées d'étiquette. Sa fleur est luxueuse mais sans parfums, sans passions profondes; aussi son éclat est-il plus durable. Chose remarquable qui complète merveilleusement l'analogie avec la femme du monde, les feuilles vertes et vivaces voient éclore plusieurs générations de fleurs; les fleurs de l'année suivante éclatent dans le même feuillage que leurs devancières : ceci est l'emblème de l'héritage, c'est-à-dire du travail des ancêtres qui dispense de travail les héritiers. Les aïeules passent leurs dentelles et leurs diamants à leurs petites-filles.

Camomille, — salubrité.
Campanule, — rendez-vous.

Campanule. Cette gracieuse plante porte ses nombreuses fleurs alternées de deux en deux; les corolles d'un bleu céleste très-pur affectent exactement la forme d'une cloche qui se laisse mettre en branle par la moindre brise.

Campanelle, — amourettes.
Camphrier, — gendarmerie.

Le **Camphrier** est un laurier, et c'est le plus haut des lauriers. Il atteint quarante et jusqu'à cinquante pieds de haut, de même que le gendarme est l'élite des héros de l'armée. Le camphre est employé universellement pour se débarrasser des parasites et des insectes nuisibles; c'est précisément là le rôle que joue le gendarme dans les sociétés humaines de notre temps.

Canne à sucre, — bienfaisance universelle.

La CANNE A SUCRE est un hiéroglyphe d'universalité et de bienfaisance large, unitéisme; il n'est pas de substance qui réunisse plus généralement les goûts que son suc et son esprit. Le sucre a la propriété de convenir à toutes les combinaisons alimentaires, s'allie à tout et plaît à tous.

Cannellier, — travail passionné.
Capillaire, — jeunesse, fraîcheur.
Capucine, — éclair, enthousiasme.

La CAPUCINE s'enroule comme une liane; elle a besoin de se communiquer; elle prodigue sur tout ce qu'elle rencontre ses fleurs orangées à odeur d'épices, qui à l'approche des orages ont des reflets phosphorescents.

Cardère, — raideur.
Caroubier, — raffinement.

Le CAROUBIER se charge du feuillage le plus finement ciselé et dentelé qu'il se puisse voir; il semble être fort jaloux d'en conserver la pureté et la délicatesse, car il referme ses feuilles comme les feuilles d'un livre quand il voit venir l'orage ou la pluie.

Casuarina, — respect des aïeux.

Dans toutes les îles de la mer du Sud ou Océanie, le CASUARINA aux palmes échevelées sert à ombrager la demeure des morts.

Catalpa, — agrément.
Cèdre, — majesté.
Célosie, — orgueil.
Centaurée, — franchise.
Cerfeuil, — boute-en-train.

LE CERFEUIL, si vif, si vert, si dru, si piquant, est le véritable symbole de ces gais boute-en-train qui donnent le mot et rendent le travail plus joyeux à leurs compagnons. La fleur en ombelle est blanche et indique l'universalité de son usage.

Cerisier, — éducation.
Chardon, — moine mendiant.

La feuille du CHARDON affecte des formes consacrées au culte; elle joue l'acanthe, comme le moine prend des airs de prêtre

De même que le moine mendiant avant la Révolution et maintenant encore en Italie et dans une partie de l'Autriche, le chardon borde les grands chemins et s'accroche aux vêtements du voyageur. Cependant si le bon sol et la culture lui viennent en aide, il peut produire l'artichaut comme le capucin peut produire le chanoine.

Châtaignier, — travailleur utile.

Le CHATAIGNIER est cité déjà dans les modèles du genre en parallèle avec le marronnier des Tuileries.

Chêne, — avarice.

Le CHÊNE absorbe les sucs de la terre, et ne donne qu'un fruit amer et mesquin en proportion de son travail; rien ne croît sous son ombrage et l'on ne recueille ses trésors amassés qu'après sa mort. Robuste et vivace comme l'avare, il vit fabuleusement longtemps.

Chèvrefeuille, — liens d'amour.

Chicorée, — frugalité.

Chrysanthème, — dernières affections.

Cinéraire, — insouciance d'artiste.

La CINÉRAIRE s'occupe fort peu de sa toilette, ses feuilles sont ternes, rares et cendrées, mais coupées originalement, et rappellent le sans façon dans la mise qui distingue généralement les gens préoccupés de travaux d'imagination. Elle ne veut pas qu'on l'époussette et préfère garder la poussière de ses meubles; car elle réserve tout son luxe pour ses fleurs en corymbes, qui se teignent de toutes les couleurs de la gomme passionnelle, si l'on en excepte la couleur jaune, emblème du ménage et de la famille.

Cinnamome, — funérailles.
Circé, — sortilége.
Citronelle, — vivacité.
Clématite, — commérages.

La CLÉMATITE a des fleurs blanchâtres réunies en groupe, d'une odeur agréable quoique peu distinguée; elle s'entrelace à tout ce qui l'avoisine, et va regarder curieusement par-dessus les haies et les murs ce qui se passe chez le voisin.

Cobéa, — amitié tardive.
Cochléria, — salubrité.
Colchique, — abord trompeur.
Convolvulus, — familiarité.
Coriandre, — parent avare.

CORIANDRE. Sa tige et ses feuilles malgré leur bonne mine sentent la punaise; quand elles sont coupées et séchées elles deviennent aromatiques et salutaires, de même que le parent avare ne rend de vrais services qu'après sa mort.

Cornouiller, — durée.

Coton, — haute industrie.

Couronne impériale, — génie méconnu.

Nos lecteurs trouveront l'analogie de cette belle fleur, teinte en cinabre et aux calices renversés, dans les modèles d'analogie cités d'après Fourier.

Cresson, — hygiène.

Croix de Jérusalem, — propagande religieuse.

La CROIX DE JÉRUSALEM a une tige droite, cassante et inflexible comme l'enthousiaste d'un culte nouveau; sa feuille est régulière et symétrique; sa fleur colorée en rouge orangé symbolise à la fois l'enthousiasme et l'ambition; elle est faite en forme de croix de Malte pour rappeler que souvent l'épée vient en aide à la propagande de la foi.

Cyclamen, — amante malheureuse.

Le CYCLAMEN est la fleur de prédilection de Georges Sand, parce qu'elle symbolise parfaitement l'héroïne tourmentée, la victime du roman noir. C'est l'Ophélia d'*Hamlet*, c'est Juliette, c'est Noun, la négresse d'*Indiana*, malgré la blancheur de ses pétales. Voyez en effet cette corolle tordue, échevelée, dont chaque pétale porte une goutte de sang à son extrémité. En examinant sa racine ronde et grasse, se serait-on attendu à la voir donner ce feuillage grêle et cette hampe pauvre et nue? Évidemment la force de la passion, la vitalité du cœur a dévoré l'enveloppe et amaigri les formes, comme il arrive à la pauvre amante qui aime sans mesure et sans résultat.

Cythise, — bergerie.

Cyprès, — deuil.

Dahlia, — bourgeoise enrichie.

Le **Dahlia** fait un large et abondant travail de branchage et de feuilles avant de donner ses fleurs qui ne s'épanouissent qu'en automne; mais à cette époque il affiche un luxe de couleurs extraordinaire. Ses fleurs sont toujours voyantes, tranchantes, à teintes fortes. Il symbolise parfaitement la bourgeoise à qui la fortune est venue lorsqu'elle est en maturité; elle semble vouloir rattraper par l'exagération de son luxe le temps qu'elle a perdu. Les chapeaux gros-rouge, gros-jaune, rose-cru de la bourgeoise enrichie ne font bien que dans les foules, de même que les grosses corolles doubles et éclatantes du dahlia ne font bien qu'en masse et vues à distance. Cette analogie a été découverte par Toussenel.

Dattier, — providence.

Le **Dattier**, cet arbre splendide, aux formes et aux produits si variés, élève sa tige avec droiture et majesté; elle est le type de la colonne, ce pivot obligé de l'architecture de tous les peuples. Le dattier porte ses feuilles en couronne par allusion au cercle, qui est l'emblème de l'unité et de l'universalité.

Datura, — charme perfide.

Le **Datura** montre dans son feuillage vigoureux de belles fleurs violettes ou d'un blanc doré coquettement penchées sur leur pédoncule. Cependant, si l'on se fie à ce charme trompeur on trouve que ces belles corolles ont une odeur repoussante et que la plante est vénéneuse.

Dictame, — sage-femme.

Digitale, — chevalerie.

La **Digitale** a une tige élevée et droite; ses fleurs, d'un pourpre à teinte violette, sont piquetées de blanc dans l'intérieur du calice. Elle se plaît à courir les champs, et croît plus belle sur les collines granitiques que dans les jardins.

Églantine, — fille pauvre.

L'ÉGLANTINE a un branchage exagéré comme le travail de la jeune fille pauvre; elle se couvre de graines à l'automne pour symboliser la fécondité de la femme du prolétaire, dont la famille s'accroît en raison de la misère, comme celle de l'églantine en raison de la stérilité du terrain où elle s'est semée.

Ellébore, — empirisme.

Émérocale, — belle poitrinaire.

L'ÉMÉROCALE est un emblème de sentiment et de virginité; sa fleur est d'un blanc pur parfumée d'oranger, mais le fin tissu de sa délicate corolle succombe au premier baiser du soleil. Elle ne brille qu'un jour. Comme la jeune poitrinaire, elle languit et se fane aussitôt qu'elle sent sa jeunesse et sa beauté. Sa feuille lustrée et d'un vert tendre est taillée en forme de cœur.

Éphémérine, — bonheur d'un jour.
Épine-vinette, — malice enfantine.

L'ÉPINE-VINETTE court les buissons où elle fait briller ses petites grappes rouge-tendre au goût acide et piquant. Elle imite ces essaims de bambins qui mettent tant d'émulation dans leurs jeux et de vivacité dans leurs reparties.

Épine noire, — difficulté.
Érable, — bienfaisance.

Fenouil, — gaieté.
Fleur d'oranger, — virginité.
Fougère, — élégance rustique.
Fraise, — enfance heureuse.
Fraxinelle, — entraînement.

Fraxinelle, fleur en épis vigoureux entre le rouge et le violet. Son feuillage, gracieusement ciselé, exhale au toucher une forte odeur aromatique.

Framboisier, — cœur fragile.

Le **Framboisier**, comme la plupart des fruits rouges, est un emblème d'enfance. Il représente les jeunes cœurs faciles à corrompre aux mauvais exemples de notre société. La framboise est d'un goût très-agréable et parfumé; mais si on la laisse quelques jours sur sa tige, elle est de suite attaquée par les vers.

Fuchsia, — rivalité.
Fumeterre, — âme simple.
Fusin, — frères ignorantins.

Le **Fusin** a le bois régulièrement carré comme une règle; en charbon il sert aux ébauches et au croquis. Son fruit triangulaire ressemble à un tricorne d'ecclésiastique. Cet arbuste réunit tous les caractères nécessaires à symboliser l'instruction primaire rétrécie et ébauchée simplement comme les enfants pauvres la reçoivent des frères ignorantins.

Galéga, — bon sens.

Garance, — colère aveugle.

Gatilier, — froideur.

Gazon, — multitude.

Le **Gazon** n'a que sa verdure ou ses feuilles, emblème du travail; sa fleur n'est rien. Plus on foule et plus on tond le gazon, plus il se multiplie, vérité qui correspond parfaitement à la manière antique de gouverner les peuples.

Genêt, — peuples pasteurs.

Le **Genêt** avec ses fleurs jaunes et terminales symbolise la famille patriarcale. Sa tige est grêle et robuste comme ses feuilles; emblème d'industrie primitive. Le genêt abonde dans les steppes et sur les coteaux où va paître le bétail.

Genévrier, — génie inculte.

Géranium à feuilles odorantes, — arts libéraux.

Géranium. Cette plante aux feuilles odorantes représente les travaux faits dans toute la liberté du choix, les occupations qui plaisent, les *arts libéraux,* disait-on jadis. Aussi l'appas, le plaisir se trouvent-ils chez elle dans la feuille qui contient le parfum.

Géranium à feuilles inodores, — ambition sans fruit.

Giroflée des murailles, — ménage de prolétaires.

La Giroflée de murailles symbolise les ménages de prolétaires : sa fleur est d'un jaune pur, à odeur suave et pénétrante; elle se juche où elle peut, sur un vieux mur, dans une ruine, entre les marches d'un escalier dégradé. En effet, les mariages entre prolétaires sont le plus souvent des mariages d'amour, la lune de miel en est parfumée et fait envie malgré leur misère. Que leur faut-il pour s'unir quand ils s'aiment, la moindre cabane, la moindre chaumière de métayer leur suffit. Mais, plus tard, vient la famille, d'autant plus nombreuse, que leur race a plus d'accidents destructifs à éviter; avec la famille se font sentir les soucis et la misère. C'est pour figurer cette seconde phase du ménage de prolétaires que la giroflée de murailles sacrifie ses fleurs et sa verdure à nourrir ses pesantes gousses de graines que sa tige semble insuffisante à porter.

Giroflée des jardins, — grisette ou lorette.

La GIROFLÉE DES JARDINS, au contraire, avec ses fleurs doubles et infécondes, réprésente l'amour stérile de la lorette.

Giroflier, — sensualité.

Glaïeul, — famille de pêcheurs.

Le GLAÏEUL, rude d'aspect, à fleurs larges, d'un jaune inodore, tire, ainsi que les pêcheurs, toute sa nourriture des eaux auprès desquelles il se tient debout et immobile, comme dans l'attente d'un coup de ligne ou de filet.

Glycine, — amitié active.

La GLYCINE est une liane vigoureuse, active, qui s'attache avec grâce à tout ce qui se trouve auprès d'elle. Ses fleurs en grappes d'un violet tendre, emblème d'amitié, se produisent avec une véritable prodigalité.

Gnaphale, — patience.

Gouet, — fausse ardeur.

Grenadier, — ambition.

Le **Grenadier** a une fleur d'un rouge éclatant qui éclate plutôt qu'elle ne s'ouvre; ses pétales sont pressés et plissés comme les plans dans la cervelle de l'ambitieux : sa feuille est petite et à peine suffisante pour la taille de l'arbre, comme le travail effectif de l'ambitieux moderne. Son tronc est tortueux et entrelacé comme la ligne que suit l'homme qu'il représente.

Grenadille, — concurrence.

Groseillier, — émulation enfantine.

Gui, — parasitisme. (*Voir aux exemples.*)

Guimauve, — douceur.

Gymnandre, — hypocrisie.

Gymnandre. Cette plante porte une fleur en masque dont les couleurs sont ordinairement colorées de tons faux.

Gyroselle, — dévotion.

Haricot, — indiscrétion.

Hellenie, — plaintes.

Héliotrope d'hiver, — propagande.

L'Héliotrope d'hiver a une feuille large et ouverte comme le travail de ceux qui se consacrent à la propagation d'une vérité. Il se propage avec une activité surprenante par ses rejets, et au moment où toutes les activités végétales semblent mortes, lui seul donne des fleurs qui vont au loin répandre la vigueur de leur parfum.

Héliotrope d'été, — amitié entre personnes de sexe différent.

L'Héliotrope d'été porte ses fleurs en groupes d'un violet

tendre; il est de toutes les saisons. Il est très-facile d'en obtenir la variété bleue, couleur de l'amour. Enfin son parfum est fortement titré en sensualité, comme il arrive souvent de l'amitié qui existe entre personnes de sexe différent.

Hépatique, — modestie.
Hêtre, — prospérité.
Hortensia, — coquetterie.

L'HORTENSIA expliqué par Fourier se trouve dans les modèles d'analogie.

Houblon, — franchise.
Houx, — troupier, culotte de peau.

Le HOUX se trouve déjà expliqué en détail dans le chapitre précédent; un fragment des feuilletons d'analogie de A. Toussenel, ne nous laisse rien à désirer sur le sens vrai de cette parabole végétale : feuille hérissée, tige droite et noueuse, fleur maigre et chétive et fruit en pompon.

Ibéride, — insouciance.

If, — mysticisme.

L'**If**, arbre résineux dont on fait facilement des torches ; il a une attitude raide et aspirant au ciel ; il s'isole des autres arbres, comme un mystique cherche la solitude pour ses rêveries.

Igname, — prévoyance.

Immortelle, — souvenir.

Iris, — mariage.

Voici l'analogie de l'iris, d'après Fourier.

L'**Iris** est l'hiéroglyphe du mariage ; ses fleurs, au nombre de deux, peignent un couple qui ne s'aime guère. La seconde fleurit furtivement quand l'autre est passée ; chacune semble composée de trois fleurs distinctes et réunies forcément par la courbe qui joint leurs extrémités. Le mariage est de même composé de trois affections bien distinctes et péniblement amalgamées : ce sont l'esprit de paternité, l'amitié ou habitude du ménage, et l'amour en faible dose et imparfait. L'iris a les couleurs de ces trois affections : jaune, bleu dur et violet terne ; ses étamines ont la figure de trois chenilles, emblèmes de la fausseté et des sordides calculs qui président souvent aujourd'hui à cette union.

Enfin l'iris, dans l'écrasement régulier de ses feuilles, indique la contrainte matrimoniale ; on dirait que la nature ait serré ce végétal entre deux planches. Cependant, il faut le dire, l'iris fournit de jolies variétés, entre autres l'iris-papillon ; mais il y a aussi dans le nombre des mariages heureux ou gracieux. La nature a dû tout dépeindre.

Ivraie, — intrus.

Jacynthe cultivée, — nonnette.

La **Jacynthe** est avant-courrière du printemps; cette charmante fleur symbolise la jeune vierge qui atteint la puberté. Elle semble bridée de près. Les feuilles, sous la forme de lames acérées concaves, serrent la fleur comme les argus cernent la jeune fille retenue au couvent. Ses couleurs, outre le blanc, sont celles de la pudeur, *rose;* de l'amour, *azur;* de l'amitié, *violet*. Tels sont aussi les caractères distinctifs de celles qu'elle représente. Le bleu et le violet de ses corolles sont ordinairement durs en nuances, pour symboliser la gène qui l'entrave dans ses affections. Aucune fleur n'est d'ailleurs plus fraîche, plus gracieuse et plus vraiment symbolique de la jeunesse en sa première beauté.

Jacynthe sauvage, — pastourelle.
Jasmin blanc, — amitié dévouée.
Jasmin d'Espagne, — amour filial.
Jasmin de Virginie, — amitié tyrannique.

Le Jasmin de Virginie est une liane vigoureuse à étreintes serrées, qui étouffe les arbres qu'elle embrasse; sa fleur est rouge, pour exprimer la domination. Du reste, elle la multiplie pour mieux séduire, par les attraits du plaisir, celui qu'elle veut enlacer.

Jonc, — souplesse.

Le Jonc-roseau est un emblème reconnu de tous les temps. Il offre un des rares exemples où les analogies anciennes se trouvent complétement d'accord avec les règles de cette charmante science.

Jonquille, — maternité.
Julienne, — cordialité.
Jusquiame, — mariage forcé.

Latanier, — symétrie, esprit rangé.

Lauréole joli-bois, — flatteries.

Laurier-amande, — luxe stérile.

Nous réunissons sous une même note quelques-uns des principaux **Lauriers**, en prévenant nos lectrices que cette notice incomplète laissera beaucoup à faire à leur sagacité.

Le **Laurier-amande** se distingue par sa belle feuille de magnolia, large et longue, polie, lustrée et d'un beau vert tendre. C'est là vraiment un travail de luxe, mais de luxe improductif, ne donnant ni plaisirs ni profits, c'est-à-dire ni fleurs apparentes, ni fruits bons à quelque chose. Du reste, ce caractère est commun à la plupart des lauriers.

Laurier-franc, — gloire sans profit.

Le **Laurier-franc** a une feuille dure, à arêtes tranchantes, à couleur un peu sombre pour symboliser le travail du héros de la guerre. C'est également un labeur stérile et sans profit.

Laurier-rose, — perfidie.

Le **Laurier-rose** invite à s'asseoir à son ombre. Gracieusement penché au bord des ruisseaux en Grèce, en Orient, dans les pays brûlés de l'Afrique barbaresque, il se couvre de fleurs à couleur pudique, comme la jeune fille qui se mire et baigne ses pieds dans les eaux limpides. Mais sa fleur rose et ses jolies feuilles lancéolées contiennent perfidement un poison dangereux.

Laurier-tin, — petits soins.

Le **Laurier-tin**, charmant arbuste buissonnier, fleurit à l'extrême printemps et donne au bout de ses branches des groupes de fleurs d'un blanc violet en ombelle.

Lavande, — paysanne proprette.
Lentisque, — réconfort.
Lierre, — ami trompeur.

Le **Lierre** a, lui aussi, des embrassements perfides; il joue l'amitié au point que plusieurs poëtes s'y sont trompés. Partout où il s'attache il mine, il dégrade ou il étouffe; il disjoint les pierres des murs auxquels il demande appui, et s'il prête sa sombre verdure immortelle à quelque arbre crédule, bientôt l'arbre meurt, et autour de ses branches courent les perfides rejetons du lierre qui remplacent bientôt la verdure du défunt.

Lichen, — stoïcisme.

Le LICHEN se contente des rochers les plus abruptes, il y prend une nourriture chétive et y étend ses végétations coriaces et grises, emblèmes de stoïcisme et de frugalité.

Lilas violet, — premier amour.

Le LILAS porte au printemps ses fleurs en épis, dont la couleur ordinaire hésite entre le rose et le violet avant le complet épanouissement, et prend des tons bleus à mesure qu'elle est touchée par le soleil. Les premiers sentiments d'amour en effet sont ordinairement mixtes entre l'amour et l'amitié. Le cœur ému ainsi vaguement fait monter aux joues une première teinte rose qui n'est pas encore la pudeur complète comme dans la rose. Les fleurs sont en réunions nombreuses, pour indiquer que ces premiers sentiments délicats et parfumés se partagent facilement et se disséminent avant de s'arrêter, sur une quantité d'objets aimables. C'est l'histoire de Chérubin. Enfin l'odeur fine, suave, a un cachet particulier que ne rappelle dans la suite de la saison le parfum d'aucune autre fleur,

Je n'ai jamais vu sans sourire
Fleurir le lilas au printemps,
Son frais parfum vient me redire
Mes joyeux rêves de quinze ans.

Sur ses grappes humides chante
Le gai pinson à pleine voix,
Et la rosée en diamante
Les fleurettes en mille endroits.

Teinté comme l'aube indécise,
Ce sont nos amours enfantins,
Que ce don de mai symbolise
Dans ses calices en essaims.

Lilas blanc, — puberté.

Lin, — amant industrieux.

Lis blanc, — vérité.

Nous donnons dans l'étude préliminaire l'analogie complète et détaillée du *lis blanc*, telle que Fourier lui-même l'a trouvée.

Lis jaune, — loyauté sévère.

Liseron, — gentillesse.

Le **Liseron** a ses fleurs en calice ouvert, emblème de franchise. Il s'en va brodant ses jolies girandoles autour de tous les végétaux ses voisins, et y suspend ses charmantes corolles rose tendre, rayées de blanc.

Lunaire, — rêveries.

Lupin, — causeur.

Luzerne, — abondance.

Magnolia, — magnificence.

Magnolia. Nous ne savons si les botanistes avouent que le magnolia soit un laurier ; quant à nous, nous en sommes sûr. Il a le luxe et l'apparence glorieuse des plus beaux arbres de cette espèce ; sa feuille est large et brillante ; sa fleur gigantesque s'ouvre en forme de coupe, symbole de générosité ; ses pétales blancs indiquent la réunion de toutes les couleurs ou passions. Enfin son odeur d'oranger se répand forte et pénétrante pour annoncer sa largesse et sa magnificence.

Mancenillier, — fourberie.

Mandragore, — imagination fantasque.

Manglier, — association.

Le **Manglier**, sorte de saule marin, ne croît jamais seul ;

il faut qu'il entrelace ses racines et réunisse ses branches. Isolé, la mer le déracinerait, il l'a compris; mais associé à ses pareils, il défend les côtes basses avec ses innombrables rejets, ses tiges plongeantes et ses racines serrées, contre l'envahissement des flots.

Marguerite des prés, — beauté rustique.
Marguerite-reine, — beauté fardée.
Marronnier d'Inde, — tambour-major.

On trouvera l'analogie du marronnier d'Inde, emblême des armées de luxe, dans le chapitre qui contient la monographie analogique du châtaignier.

Mauve, — sœur grise.

La **Mauve**, à la tige modeste, à la feuille vulgaire, symbole de travail peu attrayant, à la fleur d'un rose violet, croît volontiers dans les cimetières et dans les arrière-cours humides des hôpitaux.

Mélèse, — force.
Mélisse, — bon conseil.
Menthe, — entrain populaire.
Morelle commune, — fausse bonhomie.

La **Morelle** affecte la tournure de la pomme de terre, sous prétexte qu'elle appartient à la famille des *solanées*. Sa fleur prend la couleur violette, symbole de l'amitié, comme cette dernière. Cependant non-seulement elle n'est pas utile et ne produit pas de tubercules; mais elle contient un poison subtil.

Mouron, — petits services.
Muflier, — présomption.
Muguet, — jeux innocents.

Le **Muguet** porte en épis ses jolies fleurettes d'un blanc vert, dont les corolles sont dépourvues de calices, pour symboliser l'esprit de réunion, la mobilité et la franchise des enfants. La terre trop préparée des jardins, les soins multipliés du jardinier et la contrainte des plates-bandes ne réussissent pas au muguet. Il se plaît dans les vallons verdoyants et dans les grands bois, où il ne croît jamais seul, mais entouré de nombreux compagnons, afin de pouvoir rire entre eux et chuchotter à voix basse d'innocentes railleries en entremêlant mutuellement les fourreaux de soie de leurs jolies feuilles fraîches, brillantes et enveloppées.

Mûrier, — artisans villageois.
Myosotis, — pensée d'amour.

Le **Myosotis** a toujours symbolisé une pensée d'amour chez presque tous les peuples. Les Allemands le nomment *Vergissmeinnicht*, ne m'oublie pas, et les Français: *plus je vous vois, plus je vous aime*. Ce dernier nom a peut-être le tort d'être un peu long, mais il est mieux dans la signification de la fleurette que la dénomination allemande.

En effet, la corolle modeste du myosotis attire peu au premier regard; pensée d'amour qui se cache avec soin aux yeux du vulgaire, il faut se pencher pour en admirer la délicatesse et la couleur d'azur sans tache. Comme les amoureux, le myosotis se plaît à l'ombre et sur le bord des eaux. Ses fleurs rassemblées en bouquet ont, même pour les yeux profanes, un ineffable rayonnement de poésie, emblème du charme des pensées d'amour réunies en album. Enfin sa frêle tige demeure longtemps fraîche et vive après avoir été séparée de sa racine, image de la ténacité de l'amant qui nourrit son amour, alors même qu'il n'espère plus d'issue heureuse à sa passion.

Myrte, — amour vivace.

Myrtille, — goûts champêtres.

Narcisse blanc, — lune de miel.

Le **Narcisse blanc**, comme toutes les fleurs de cette famille, est une analogie d'époux. Pour lui cependant la paternité, l'amour de sa race est à peine apparent sur les bords de la couronne qui illustre son gracieux calice blanc. Son parfum original est bien à lui comme le parfum de la lune de miel; aucune fleur de son espèce ne le rappelle. La couleur blanche de ses pétales indique que le jeune couple n'a pas encore été dépouillé par les misères et les étroites préoccupations du ménage, de ces larges et généreux sentiments dont la jeunesse est si richement trempée.

Narcisse jaune, — ennui conjugal.

Le **Narcisse jaune** au contraire est uniformément coloré et absorbé par la couleur qui représente les tracas domestiques; ici plus de parfum, moins de fraîcheur et d'éclat, quelque chose de banal et de connu; aussi les dames, si friandes du narcisse blanc, n'accordent nulle attention à celui-là.

Nard, — luxe.
Néflier, — gens de lois.

Le **Néflier** a des feuilles d'un vert faux, indiquant un travail douteux; le fruit n'est bon que lorsqu'il ressemble à une poire molle, à un fruit corrompu et pourri.

Nélumbo, — indifférence.
Nénuphar blanc, — tartufe moral et politique.

Le **Nénuphar** se trouve dans les caractères généraux empruntés aux feuilletons d'analogie de Toussenel.

Nous devons à la vérité et aux prières de l'auteur, d'avouer que, dans l'analogie du nénuphar blanc, on trouvera plus d'esprit et de fantaisie poétique que de vérité scientifique. Pour cette fois, Toussenel nous l'a confié lui-même, il a un peu forcé la couleur; il s'est complu à rendre le portrait fidèle en supposant plus de vice à cette reine des eaux qu'elle n'en a en réalité. Le feu de la composition l'a entraîné à considérer plus attentivement le type physiologique humain que l'emblème végétal.

En les donnant à nos lecteurs, nous avons cédé surtout au charme entraînant du style, nous réservant de les prévenir de cette exubérance de poésie divinatoire. On est donc libre de rectifier les termes de la parabole du nénuphar blanc; nous laissons à dessein les lacunes de cette page de la nature à expliquer, afin d'exercer la sagacité des esprits délicats, et nous promettons de donner plus tard notre avis à nous, si nous sommes sérieusement consulté à ce sujet.

Nénuphar jaune, — tartufe marié.
Nielle, — fâcheux.
Noisetier, — enfantillage.
Nopal, — travaux pénibles.

Le NOPAL sème de paquets d'épines sa tige et ses feuilles qu'il déploie péniblement et sans grâce. Cependant après ce travail laborieux, silencieux que les souffles de l'air ne troublent et n'émeuvent même pas; le nopal donne quelquefois des fleurs brillantes, mais sans parfum. Ainsi, après des fatigues opiniâtres, si la fortune vient sourire à la vieillesse de l'homme de peine, les plaisirs brillants dont elle lui permet de s'entourer sont sans charme et sans passion pour lui, parce que la délicatesse et le goût se sont émoussés, la plupart du temps, dans la monotonie et la trop longue durée de la période laborieuse de sa vie.

Noyer, — intégrité, vrai luxe.

Le NOYER, arbre à tronc vigoureux, droit, sain et élevé, à feuilles aromatiques qui repoussent les insectes nuisibles. Son fruit est excellent jeune ou vieux ; on en tire de l'huile et des liqueurs. Son bois aux veines élégantes sert à la marqueterie et l'emporte par le bon goût de sa couleur isabelle ou café tendre, sur celui de l'acajou aux tons crus et rougeâtres.

Œillet, — amour sensuel.

L'Œillet représente la jeune fille languissante d'amour, la vierge en pleine floraison des sens. L'œillet dans son feuillage, dans sa tige et son calice est plus près de l'azur que du vert. Tout dans le corps de la plante rappelle la *morbidezza* de la plus ardente des passions. Il soutient à peine et laisserait traîner à terre sa tige élégante, si la main de l'homme ne venait l'étayer. Mais à l'aide de soutiens et d'appuis, sa fleur dont le calice gorgé de pétales, emblèmes du plaisir, crèverait son enveloppe, devient splendide et magnifique ; comme la jeune fille qu'elle représente reprend la vie et la beauté par les soins d'un époux aimé.

Œillet de mai, — premières rêveries.

L'Œillet de mai est plus simple, moins chargé de langueur,

plus uniforme dans sa couleur qui est rose tendre; ce n'est pas encore l'amour complet, ce ne sont que de pudiques rêveries.

Œillet de poëte, — galanteries fades.

L'Œillet de poete porte ses fleurs réunies en groupes, comme les vers d'un madrigal ou les stances d'un rondeau; ses fleurs prétentieuses, ordinairement d'un rouge tranchant, sont privées de parfums, et ses feuilles sont d'un vert très-décidé.

Œillet d'Inde, — galanterie grossière.

Enfin l'Œillet d'Inde, ordinairement jaune, à l'odeur d'ognon épicé, représente les plaisanteries gros-sel d'un mari volage et dissipé.

Olivier, — la paix.
Onagraire, — entêtement.
Ophris, — amour de la solitude.
Opuntia, bourru bienfaisant.

L'Opuntia contient dans ses nombreuses variétés la plante à cochenille et le figuier d'Inde. Ses pousses en forme de raquettes sont couvertes de piquants qui blessent sans pitié la main imprudente ou maladroite. Son attitude est raide et bizarre; son tronc est laid de forme, il ne semble bon qu'à blesser; mais ayez patience, de même que le bourru bienfaisant, il a le cœur bon et sain, et les fruits qu'il donne sont sucrés et délicats.

Oranger, — générosité.

L'**Oranger** est beau, sa physionomie réjouit et attire comme celle de l'homme généreux. Son feuillage toujours vert symbolise le travail toujours actif de celui qui ne perd aucune occasion de rendre service. Sa fleur est ouverte comme la vérité, blanche comme l'universalité, et exhale un parfum de virginité qui a trompé généralement sur son analogie. Tout est exquis dans l'oranger : il plaît et est utile à toutes les phases de son développement.

Orchis, — amitié fragile.
Oreille d'ours, — talents de société.
Ornithogale, — proverbe, vérité banale.

L'**Ornithogale** est une plante bulbeuse de l'espèce du lis : son ognon se mange, de même que la vérité réduite à l'état de proverbe banal devient l'aliment des vulgaires conversations.

Orobanche, — mesquinerie.
Oronis, — causticité spirituelle.
Ortie, — magicienne.
Oseille, — plaisanteries.

L'**Oseille** a ses feuilles en forme de lances; son goût piquant et caustique agace les dents, lorsqu'elle n'est pas assaisonnée avec art. Il faut du sel pour la faire digérer, de même qu'il faut de l'esprit pour faire goûter les plaisanteries.

Oxalide, — vérités piquantes.

Palma-christi, charité fastueuse.

Palma-christi ou **Ricin.** Il y a ici pour les amateurs de l'analogie, un parallèle plein d'intérêt à établir entre cette plante luxueuse, pleine de faste dans sa feuille et dans sa tige, avec l'humble navette et le lin modeste dont les dons, dont les produits oléagineux sont moins dangereux et plus largement utiles que l'huile empyreumatique donnée avec tant d'emphase par le palma-christi.

Palmier, — orgueil légitime.

Pamplemousse, — libéralité.

Le **Pamplemousse** appartient à la famille des orangers; voyez donc plus haut la plupart des caractères du premier qui se rapportent à celui-ci.

Paquerette, — innocence.

Pariétaire, — tempérance.

Passiflore, — Émulation.

Patience, — longanimité.

Pavot, — amour de soi.

Pêcher, — vierge pudique.

Le PÊCHER a sa fleur pudiquement teinte en rose aussi bien que son beau fruit à duvet. Ses feuilles élégantes contiennent un arome qui repousse les insectes. Enfin le cœur ou noyau de son fruit est plus raboteux que celui d'aucun autre, pour figurer combien le cœur de la fillette pudique est de difficile accès.

— Où vas-tu rougissant de joie,
Riante fleur du pêcher?
— Vers ce rayon d'or qui poudroie,
Et sur mon sein vient se pencher.

— Va, fleurette, cache ta joue,
Ne crois pas au premier rayon,
Peut-être est-ce un trompeur qui joue
La chaleur et la passion.

O frêle et délicat symbole,
Instruis la vierge à refuser,
Sur une première parole,
Ses lèvres au premier baiser.

Pensée, — amitié factive.

La PENSÉE peut offrir l'occasion d'un parallèle avec la violette. Il serait intéressant de comparer cette petite fleur parfumée, modeste et invariable dans sa forme et sa couleur à la pensée qui se plie à toutes les transformations, qui aime à briller et à s'étaler, et dont la corolle ne contient aucun parfum.

Perce-neige, — parole d'espoir.
Persil, — satire.
Pervenche, — souvenir d'amour.

Si la coquette ancolie était la fleur de prédilection de Charles Nodier, la sentimentale PERVENCHE était la fleur préférée de Rousseau. Chaque fois que l'amant de madame de Varens voyait une pervenche avec sa large corolle bleue et ses feuilles vertes brillantes comme celles du laurier et taillées en forme de cœur, toute sa jeunesse, avec ses phases d'amour, passait devant lui. Nous pouvons donc rapporter la signification emblématique de cette liane des Alpes au philosophe de Genève qui l'aimait tant.

Peuplier, aspiration au progrès.
Phlox, — cercle d'amis.
Pieds d'alouette, — réunions enfantines.

Est-il possible de voir rien de plus gai à la vue que des bordures de PIEDS D'ALOUETTE en pleine floraison? Ces joyeuses fleurettes qui s'étagent avec une émulation charmante, et se pressent à l'envi pour être remarquées au milieu de leurs camarades, portent sur leurs corolles toutes les couleurs en tons vifs et délicats, toutes excepté celle qui symbolise la paternité et la famille. Mais la couleur qui leur est le plus familière, dans toutes ses nuances et à tous ses degrés d'éclat, c'est le violet qui symbolise l'amitié dans toutes ses variétés vivantes.

Pin, — hardiesse.

Pissenlit, — enfants trouvés.

Le PISSENLIT a la fleur jaune; mais cette couleur d'amour paternel ne l'empêche pas d'envoyer sa famille aux hasards du sort courir les rues et les grands chemins.

Pivoine, — royauté.

Plantain, — bon conseiller.

Platane, — courtisan.

Pois à fleurs, — virginité douteuse.

Polownia, — sensualité précoce.

Le POLOWNIA, ce bel arbre qui a fleuri pour la première fois à Paris il y a cinq ou six ans, est doué d'une puissance de végétation merveilleuse. Dès sa troisième année on peut s'asseoir à l'ombre de ses larges feuilles, en respirant l'odeur de giroflier pénétrante et sensuelle qu'exhalent ses grappes de fleurs bleues.

Polémoine, — verdeur.

Polygala, — fadeur.

Primevère, — espérance.

Prunier, — promesses.

Pyramidale, — vanité.

Quarantaine, — sensualité vulgaire.

Quaparier, — esprit naïf.

Queue de renard, — ambition ridicule.

Queltie, — amour conjugal.

La **Queltie** est une plante de la famille des narcisses ; il faut donc chercher à la lettre N les caractères symboliques généraux des fleurs de ce genre. La différence essentielle qui existe entre la queltie et les autres narcisses, c'est que la corolle de cette dernière exhale un parfum suave, emblème d'amour vrai et heureux.

Quinquina, — mentor austère.

Le **Quinquina**, avec ses fleurs d'un rose à ton rouge, dur et tranchant, représente une pudeur d'homme, variété assez rare;

c'est le *conseilleur* austère, le mentor, comme l'indique l'amertume quelquefois salutaire de son écorce.

Quisquale, — femme fardée.
Quivi, — parole mielleuse.
Quinte-feuille, — noblesse de robe.

QUINTE-FEUILLE, plante au port vulgaire et sans fierté, dont la feuille blasonnée est un emblème en usage dans les armoiries.

Raquette, — inflexibilité.

Réglisse, — philanthropie.

Renoncule panachée, — luxe de cour.

Puisqu'il s'agit de la RENONCULE, nous allons laisser parler le rénovateur sinon le créateur de la science analogique : « La renoncule est emblème des réunions d'étiquette; isolément elle n'a que peu ou point de parfum. Cependant une trentaine de ces fleurs exhale une odeur très-agréable. Il en est de même des coteries du grand monde, elles ne brillent que par le rassemblement d'individus dont chacun est insipide isolément. »

Selon le maître de cette science, la renoncule panachée représente le matériel de la cour tant par l'élégante variété des couleurs que par les formes gracieuses de la fleur. La renoncule glacée, elle, en représente le moral par sa duplicité de nuances; la teinte est double sur chaque pétale, une à l'endroit, une autre à l'envers; de sorte que la fleur, de quelque côté qu'on la tourne, a toujours une allure évidente de fausseté.

Renoncule glacée, — morale de cour.
Renoncule ordinaire, — réunion d'étiquette.
Renoncule des prés, — luxe champêtre.
Réséda, — poésie primitive.

RÉSÉDA. Cette fleurette sans prétention exhale un parfum très-suave. La nature a donné à ses étamines la nuance capucine mélangée de rouge et orange (enthousiasme et ambition), en symbole de l'esprit qui anime les poëtes primitifs.

Rhubarbe, — sévérité.
Riz, — économie domestique.
Rododendrum, — fanfaron d'amitié.
Romarin, — esprit chevaleresque.
Ronce, — jalousie.
Rose en boutons, — pudeur virginale.
Rose à cent feuilles, — beauté complète.

La ROSE a de tous temps symbolisé la pudeur virginale; tous les peuples ont compris son emblème. Nous nous contentons donc d'indiquer les analogies de toutes les variétés de la rose, laissant à la sagacité de nos lectrices d'en vérifier elles-mêmes l'exactitude.

Rose blanche, — virginité.
Rose de mai, — amour pudique.
Rose mousseuse, — chasteté contenue.
Rose jaune, — jeune mariée.
Rose des quatre saisons, — constance et fidélité.
Rose sans épines, — beauté confiante.
Rose musquée, — céladonie.
Rose noisette, — amourettes.
Rose du roi, — sultane.
Rose-trémière, — fermière enrichie.

Rose-trémière. L'hiéroglyphe de cette fleur au gros tempérament nous a été dévoilé par Toussenel. Nous nous faisons un plaisir de lui reconnaître cette spirituelle priorité en vous l'expliquant ici. La rose-trémière a une tige dure et raide; sa feuille ou travail, est large, robuste et peu délicate; ses fleurs, qui viennent tard, étalent un luxe de mauvais aloi, à couleurs voyantes et presque toujours fausses, d'un goût commun et banal. Elles sont d'ailleurs serrées contre la tige, privées de pédoncule pour symboliser la défiance de la paysanne parvenue, qui craint toujours qu'on ne lui emprunte ou qu'on ne la vole. Enfin, dans la rose-trémière, les feuilles sont mêlées aux fleurs, le travail aux plaisirs, par analogie à la fermière, qui ne perd jamais l'habitude du premier labeur qui l'a enrichie.

Roseau, — tristesse.

Rossolis, — primeurs.

Rue, — sens droit.

Sabine, — délivrance.

Safran, — assemblée de famille.

Le **Safran** a des groupes de fleurs d'un jaune franc, sortant toutes d'un même ognon; son parfum, estimé en Orient dans les familles des polygames, donne de la fadeur aux crêmes et aux gâteaux.

Sainfoin, — profusion.

Salicaire, — sotte vanité.

Sapin, — misanthropie.

Sauge, — médecin de campagne.

Saule, — paysan.

Le **Saule** est vêtu de gris; sa fleur jaunâtre a l'odeur de celle du châtaignier plus adoucie; son tronc, qui semble toujours pourri et dégradé, a une écorce noueuse, rude et robuste qui brave la saison. Enfin sa patience est sublime et son activité rare, car plus on le tond, plus il travaille à refaire son branchage dont il ne profite à peu près jamais.

Saule pleureur, — mélancolie.
Scabieuse, — pruderie.
Scorsonaire, — anachorète.

La SCORSONAIRE a une tige grêle et maigre; sa fleur stellée imite l'auréole que l'on met au front du bienheureux. Elle cache sa tige, qui n'est à proprement parler qu'une racine vêtue de brun solitaire, comme le vêtement classique des solitaires et des anachorètes.

Sensitive, — pudeur, susceptibilité.
Seringa, — fausse générosité.
Serpolet, — enfants terribles.
Sézame, — esprit insinuant.
Silène, — rendez-vous nocturne.
Soleil, — bourgeois gentilhomme.

Le SOLEIL affecte des airs raides et hautains; sa fleur jaune abrite une nombreuse famille de graines huileuses : l'huile est le symbole de la richesse. Son travail est du reste assez grossier, sa feuille est d'un goût douteux, sans délicatesse, symétriquement placée. Enfin son énorme tête se tourne toujours du côté du soleil, pour symboliser l'admiration et l'adulation du bourgeois pour tout pouvoir établi.

Souci, — peines de ménage.
Spirée, — hospitalité.
Statice, — éducation attrayante.

LA STATICE ou GAZON D'ESPAGNE est un symbole d'éducation enfantine ; le travail de ses feuilles en aiguilles est joyeux et facile ; ses fleurs nombreuses et d'un violet rose font, par leur réunion, des bordures d'une charmante gaieté.

Stramoine, — déguisement.
Sumac, — goût militaire.
Sureau, — charité maternelle.

Le SUREAU est l'arbuste qui s'éveille le premier dans l'année et s'engourdit le dernier.

Dès le premier rayon du printemps il commence son travail de feuillage qui fait pousser le premier cri de joie à la fauvette, et l'hiver est déjà venu que le rouge-gorge trouve encore un toit pour s'abriter de la bise sous les dernières feuilles du sureau.

Sa fleur blanche en ombelle si abondante et si pénétrante d'a-

a un feuillage filiforme d'un délié parfaitement gracieux; il se charge au sommet de ses branches de véritables fusées de petites fleurs roses, mignonnes et pressées, qui se balancent ensemble au moindre souffle du vent.

Teck, — ténacité.
Thuya, — ennui.
Thym, — humeur joviale.

Le THYM a dans sa feuille mignonne et luisante, dans sa fleurette teinte en violet rosé, une physionomie spirituelle, un air de boute-en-train qui égaie. L'odeur vive et fraîche de toute la plante a un piquant de bon goût qui stimule et réveille. La tige ne s'élève pas bien haut, elle n'a pas le port ferme et élevé du lis ni de la couronne impériale. Son parfum ne s'adresse qu'à ceux qui aiment à se coucher sur l'herbe dans une intention de repos et de *farniente*.

Tigridie, — époux désunis.

La TIGRIDIE, espèce d'iris, a ses fleurs d'un jaune brun tachetées de noir pour symboliser les querelles fréquentes qui naissent entre les gens désunis.

Tilleul, — ménagère.
Titimail, — fourberie.
Tremble, — mobilité.

Le TREMBLE indique son caractère par son propre nom. Sa

petite feuille triangulaire au long et flexible pédicule est constamment en action et semble toujours varier ses couleurs, de toutes les nuances du vert foncé dont elle est teinte en dessus, au blanc mat dont elle s'argente en dessous. Le bois de tremble est lui-même flexible et de peu de consistance, pour figurer la nature d'esprit des gens à caractère mobile et changeant.

Troëne, — appui, soutien.

Tubéreuse, — grande courtisane.

La Tubéreuse. Nous prendrons encore la tubéreuse et la tulipe à Fourier, qui a su donner un caractère de science exacte à ces deux analogies.

La tubéreuse, dit-il, représente la fille émancipée, la courtisane de haut parage; sa fleur semble s'élancer et s'échapper d'entre les épines dont la feuille a la forme. Semblable à la libertine qu'on ne peut retenir à la maison paternelle, la tubéreuse, par la violence de son parfum, force à la placer en plein air. Ses corolles, en se desséchant successivement, laissent une trace de ravage, comme la courtisane qui ruine ceux qu'elle a connus. Elle ne fleurit que tard et en pays chaud; ainsi les courtisanes célèbres, les Laïs, les Ninon, ne s'élèvent que dans les sociétés policées et très-opulentes.

Tulipe, — équité, justice.

La Tulipe a sa fleur en triangle, emblème d'équité; elle est sans calice; son port grave et son odeur amère sont autant de rapprochements avec l'esprit du juste et l'amertume de ses critiques. On l'a longtemps regardée comme emblème d'orgueil : elle a en effet la hampe droite et le port orgueilleux ; aussi l'homme juste porte-t-il dans son maintien une certaine fierté et le sentiment de sa supériorité morale.

Ugœne, — ami du mystère.

Ulma, — fourberie intime.

L'**Ulma** est une plante parasite qui croît au cœur d'une autre qu'elle dessèche en se développant.

Ulmaire, — coquette rustique.

Ulve, — froideur.

Unanufa, — guérison.

Upas ou Bohon-Upas, — trahison.

Le **Bohon-Upas** est un grand arbrisseau de l'archipel des Moluques qui fournit aux féroces sultans du pays des épices, un poison violent et sans remède. Cet arbuste de taille élégante, a la feuille verte et ovale du laurier-amande et du magnolia. Son feuillage abondant, frais et touffu, invite à se reposer sous son ombre, tentation bien forte sous l'ardent soleil de ces contrées équatoriales ; mais, hélas ! malheur au voyageur qui cède à ses promesses de fraîcheur et de bien-être ! Le bohon-upas, sans être touché ni agité, distille le poison, son atmosphère est empestée à plusieurs mètres à la ronde. Or, le cercle fatal une fois franchi, toute créature humaine a le germe de la mort dans son sein.

Ustérie, — simplicité naïve.

Urucu, — fanfaronnade.

Valeriane, — esprit de corps.
Vanillier, — passion ardente.

Le **Vanillier** est une liane ardente, active, dont le parfum est à la fois des plus agréables et des plus puissants.

Varech, — frugalité.
Véronique, — fidélité.
Verveine, — sincérité, bonne foi.
Vétiver, — agent de police.
Vigne, — fraternité.

La **Vigne** a dans son fruit les deux couleurs, le blanc et le violet qui ensemble symbolisent l'amitié universelle. La plante aime à s'entrelacer aux arbres, aux murs; elle veut aimer, em-

20

brasser tout ce qui l'entoure. Son bois aussi pauvre que ses branches sont libérales, indique l'habitude de la vraie fraternité, d'être généreuse et insouciante pour elle-même. Son fruit se prête à tous nos besoins, il est salubre à tous les tempéraments. Son jus excite l'effusion amicale et, comme l'amitié sincère, il devient meilleur avec le temps. Par son ombre, par ses raisins ou par le vin qu'on en tire, la vigne plaît à tous, chez tous les peuples, à tous les âges et dans tous les temps.

Violette, — amitié.

J'aime à guetter la violette
Le front penche sous sa voilette
De feuilles en forme de cœurs.

Soir et matin, fraîche et simplette,
Elle entr'ouvre sa cassolette
Sur le chemin des promeneurs.

Emblème d'amitié discrète
A quelque instant qu'on la feuillette
Elle a des parfums et des fleurs.

Volubilis, — caprices.

Xalapa, — conseil amer.

Xanthium, — frater.

Malgré sa livrée peu brillante, sa feuille d'un vert de rouille, et bien qu'il vienne au jour dans des lieux bas et marécageux, le XANTHIUM fait ou prétend faire toute sorte de miracles avec son suc et sa racine. C'est l'emblème parfait du frater ou barbier d'autrefois dont on rencontre encore quelques types dans les villages et dans les petites villes de province; il médicamente, traite, purge; il a la prétention de guérir les scrofules et les gravelles et de teindre les cheveux en blond.

Xiphion, — bon gendarme.

Xylon, — esprit industrieux.

Xyris, — brouilles de ménage.

Le **Xyris** est une plante bulbeuse, de la famille des glaïeuls qui, dans ses caractères généraux, symbolise le mariage; mais ce dernier se différencie des autres iris en ce qu'il exhale, comme l'espatule, une odeur désagréable.

Yappa, — zèle indiscret.

Yucca, — réunions d'artistes.

Le YUCCA tient du palmier et de l'aloës ; sa feuille lancéolée est d'un travail élégant; elle entoure d'une sorte de garde ses fleurs blanches opulentes, réunies en forme d'un immense épi, pour simuler les précautions que prennent les artistes et les sociétés de gens d'esprit et de goût, afin d'éloigner la banalité et le vulgaire.

Zaga, — somptuosité.

Zygnème, — existence troublée.

Zizania, — discorde.

Semer la zizanie, voilà une phrase devenue proverbiale. La

Zizania est une ivraie; mêler l'ivraie au bon grain, le Christ lui-même employait fréquemment cette expression dans ses paraboles, pour figurer l'intrusion discordante d'êtres en dissonance de caractère avec la tonique générale d'une société dans laquelle ils venaient apporter le trouble et la confusion.

Pour exprimer le caractère symbolique d'une fleur, un mot est bien peu, et dans le petit dictionnaire qui vient de passer sous vos yeux, nous avons été le plus souvent obligé de borner là notre indication.

Or, ce mot contient-il toutes les faces de l'emblème végétal auquel il est appliqué? Rarement. C'est déjà beaucoup lorsque l'expression choisie est la plus significative et la plus caractéristique; cela suffit au moins pour mettre sur la trace et aider la lectrice à compléter elle-même l'analogie de la fleur désignée.

Souvent aussi l'emblème de la plante est indiqué par une simple nuance de caractère ou de passion. S'en suivrait-il que cette plante soit plus insignifiante qu'une autre désignée carrément par des mots à sens large et complet? nullement; mais à la fleur symbolisée ainsi, il faut avoir grand soin de rapporter les significations pivotales du genre et de la famille dans lesquels la nature l'a placée.

C'est tout bonnement pour ne pas nous répéter, que nous avons laissé aux amateurs le soin de compléter ces indications rapides et faiblement prononcées, en rapprochant entre elles les fleurs qui ont des rapports de parenté ou d'alliance plus ou moins étroitement établis.

Pour vous donner une idée de l'importance qu'il faut mettre à savoir pénétrer les hiéroglyphes fleuris de la nature, écoutez ceci : Un jeune étourdi qui avait des sentiments tendres pour une femme jeune, belle et spirituelle, avait cru les lui exprimer le plus poétiquement du monde, en lui envoyant un bouquet de dahlias. La dame instruite à fond dans la science du langage des fleurs, répondit à l'envoi de ses dahlias, par l'analogie de cette grosse fleur, tournée ainsi en madrigal :

O dahlia ! c'est mauvais goût
De porter des couleurs voyantes,
Et d'étaler à la fin d'août,
Des robes lourdes et traînantes.

Ta fleur tardive et sans parfum,
Singeant la bourgeoise enrichie,
Étale aux regards de chacun
Le gros luxe d'une affranchie.

Aussi n'espère pas qu'un jour,
Séduit par ton large sourire,
L'azur, symbole de l'amour,
Teigne tes pétales de cire.

Quel pavé sur les espérances du pauvre amant !

[illegible] EXOTIQU[illegible]

La belle avait raison, on n'obtiendra jamais le dahlia bleu, parce que le dahlia ne sera jamais la fleur des amoureux.

Voici encore une anecdote historique qui fera comprendre nos scrupules dans ce travail si délicat et le danger qu'on peut courir en se trompant sur la signification des corolles quand on voyage dans certains pays.

Au temps où le Portugal remplissait le monde de ses enfants aventureux, un des hardis marins de cette nation, Antar de Brito, avait fait naufrage sur un rocher le long des côtes du royaume d'Achem qui florissait dans l'île de Sumatra.

Fait prisonnier, il était arrivé, après trois années d'esclavage fort dur, à entrer au service du roi, et à remplir l'emploi assez agréable de jardinier dans les palais de ce puissant monarque.

Un soir, la fille du roi, nommée Lantana, aperçut le beau Portugais assis sous un giroflier, et réfléchissant comme toujours aux moyens de revoir les bords heureux du Tage. Antar de Brito était un des plus beaux Européens qui aient jamais passé le cap des Tempêtes; malgré les coups de l'adversité, il portait hardiment sa noble tête à physionomie ouverte et fière, à laquelle des yeux franchement bleus, et la tournure de ses pensées actuelles donnaient un caractère de rêverie on ne peut plus poétique.

Lantana n'avait jamais vu d'étranger semblable au nouveau

jardinier de son père. Il lui apparut comme un génie de beauté en comparaison de ses compatriotes couleur d'olives noires et de café brûlé.

En véritable fille des contrées tropicales, l'enfant royal n'hésita pas à aimer le beau prisonnier.

Mais comment faire pour lui exprimer son amour? Prendre une confidente ne lui sembla pas prudent: une indiscrétion pouvait la trahir. Si le secret de sa passion venait aux oreilles du sultan son père, son amant, aux yeux bleus, serait inévitablement jeté aux crocodiles, exposé nu et garrotté à l'ombre mortelle du terrible bohon-upas, l'arbre-poison qui tue tout être vivant auquel on fait respirer l'arome vénéneux de son feuillage.

Quelle confidente d'ailleurs pourrait voir l'étranger blanc sans l'adorer? Or, Lantana était déjà jalouse; elle aurait mieux aimé voir Antar sous les griffes du tigre noir que dans les bras d'une autre femme.

Elle résolut donc de garder son secret et de révéler elle-même au Portugais l'état d'embrasement où sa rencontre avait mis son pauvre cœur.

Il ne s'agissait que de trouver le moyen de parler discrètement, à coup sûr et sans danger d'être trahie.

Aller tout simplement à lui et lui dire : je t'aime, était le procédé le plus simple; ce fut aussi là sa première résolution. Pendant sept jours elle sortit seule, à l'heure où les fleurs allanguies par les baisers ardents du soleil des tropiques reprenaient la vie dans l'abondante rosée que l'esclave européen avait répandue sur elles.

Pendant sept jours, elle revit Antar se reposant et rêvant aux souvenirs de la patrie, couché sous le même giroflier qui l'abritait la première fois. Mais le courage lui manqua sept fois de suite pour laisser échapper de ses lèvres plus rouges que le henné, ce seul mot si court, qui lui avait paru si doux à entendre et si facile à prononcer.

Elle se sentait rougir sous sa peau ambrée; un nuage passait sur ses beaux yeux couleur de sépia; son cœur semblait vouloir briser son cafetan de soie lamé d'argent, et la voix défaillait dans sa poitrine lorsqu'elle arrivait près du giroflier.

Pendant sept autres jours, Lantana ne sortit plus. Elle mangeait à peine, veillait la nuit et passait le reste du temps à soupirer et à rêver.

Il fallait prendre un parti; sa passion commençait à se lire sur sa figure amaigrie, son amour se trahissait sans consolations intimes ni confidentes.

Le puissant roi d'Achem avait déjà remarqué lui-même l'état languissant de sa fille, et la voyant muette, il avait compris que l'amour lui tournait la tête. Il songeait donc à la marier à un grand seigneur de sa cour, dont la charge, la première de toutes dans les charges de l'empire, consistait à moudre le poivre servi sur la table de sa majesté Sumatralaise.

Heureusement, sur le soir du septième jour, au moment où le soleil serrait ses gerbes d'or derrière les montagnes de l'île de Ceylan, Lantana se résolut à employer le langage des fleurs; elle ne pouvait en effet trouver des confidentes plus discrètes et plus fidèles.

Elle retourna donc vers le giroflier favori d'Antar. Elle y retrouva le beau Portugais qui chantait sur un air lent et mélancolique, un romancero d'exilé, où il était beaucoup parlé des fleurs rouges du grenadier et du bon effet qu'elles produisaient sur le sein blanc et dans les cheveux noirs des belles Lusitaniennes.

Certes, si Antar de Brito eût découvert le charmant ravage que sa vue avait porté dans le sein de Lantana, il aurait oublié, pour un moment au moins, les cheveux noirs de Lisbonne et les fleurs rouges du grenadier!

Mais la fille du roi l'avait toujours regardé à distance à travers les aiguilles vertes d'un massif de tamarix; si le frôlement de sa robe était venu par hasard à ses oreilles, il n'en avait été ni troublé ni surpris, un frôlement de robe étant très-peu significatif dans les pays où tout le monde s'affuble de vêtements traînants.

Ce soir-là Lantana dépassa résolument les tamarix.

Elle cueillit une fleur bleue sur la tige élancée d'un aapessumhe, y joignit une fleur d'ulihanthe aux pétales rosés, et entoura ce bouquet symbolique d'une liane à fleurs violettes pour mitiger un peu ce qu'avait de trop hardi la signification des deux premières corolles; puis elle porta en rougissant cette déclaration en style fleuri au beau Portugais.

Peindre la surprise d'Antar, en recevant ce don parfumé de la main de la fille même du roi, est impossible. Il se prosterna pour baiser l'or fin de sa chaussure, mais la brune Indienne avait déjà disparu.

Lantana avait à peine quatorze ans, âge ordinaire de la maternité dans l'ardent archipel des îles de la Sonde; elle était brune de peau comme un chamois des Alpes et belle de formes comme une femme arréoie de Taïti. Antar de Brito fut donc enchanté de sa conquête.

Il revint plus exactement encore qu'auparavant retrouver son giroflier, où il ne pensait plus à chanter les fleurs ni les cheveux de son pays.

N'était-il pas bien heureux en effet? Il trouvait d'un seul coup ce que ne trouvaient pas toujours séparément ceux qui restaient en Portugal, ni ceux qui venaient à l'aventure moissonner ou piller dans les Indes.

Lantana s'enhardit peu à peu jusqu'à venir s'asseoir auprès d'Antar, dont la voix grave lui parut plus harmonieuse que la voix du sansa-soulé, qui chante dans les hauts sandals de la colline d'Amabha.

— Qu'est-ce que l'amour d'un esclave? disait Antar; que ne suis-je libre, ô Lantana, pour t'aimer!

Celle-ci répondit :

— Tu seras libre avant que la lune qui commence ait arrondi son disque pâle.

— Hélas! reprit-il, si le puissant roi d'Achem est consulté dans cette affaire, il me dépouillera de cette place qui me rapproche de toi, ô Lantana! Il m'enverra dans les entrailles de la montagne d'Or, où je serai à jamais privé de la lumière du soleil et de l'éclat de tes yeux.

— La reine d'Aaru, dont l'empire regarde les côtes de Malacca, aime les étrangers de ton pays, et la reine d'Aaru est la sœur de ma mère.

Cela voulait dire en bon portugais : si tu m'aimes, nous nous en irons tous les deux chez la reine d'Aaru.

Tout allait bien jusque-là : les bouquets symboliques continuaient leur langage; seulement Antar de Brito, qui ne comprenait pas cette belle langue, ne cueillait jamais rien à l'intention de sa bien-aimée.

Un jour cependant, Lantana s'étonna de cette négligence et demanda des fleurs, afin d'avoir ainsi une lettre à sa façon signée de son amant.

Quelques instants après, le beau Portugais lui présentait, le sourire sur les lèvres, une litane piquetée de noir dans une touffe d'yu. A cette vue, l'œil noir de la princesse royale brilla de fureur; elle brisa son éventail sur la joue de l'esclave qui, le lendemain même, fut envoyé aux mines.

Une litane dans une touffe d'yu! était-il possible, en effet, d'exprimer plus impudemment à une femme et fille de roi l'ingratitude et le dédain?

Il faut le dire pourtant, à la justification de l'infortuné Lusitanien, il ne se doutait pas de ce qu'il venait de faire, et tombait du haut de ses espérances, victime de son ignorance complète en analogie.

La moralité de ce petit drame, si lamentablement dénoué dans l'archipel des îles de la Sonde, est facile à tirer.

Jamais amour ne fut plus rapide, plus impétueux, plus profond ni plus ardent que celui de la brune fille du roi d'Achem.

Lantana s'était sentie vaincue dès la première heure, elle n'avait pas même essayé de résister à l'entraînement tyrannique de ce sentiment si nouveau pour elle, et ses débuts devaient faire présager à Antar une passion à toute épreuve. Elle était résolue à quitter Achem, à s'arracher aux gloires et aux désirs de la cour de son père, à abandonner sa famille, à s'en aller comme une coupable demander un asile à la reine d'Aaru. Rien ne devait lui coûter pour conserver l'amour d'Antar.

Une erreur grossière il est vrai, mais une simple erreur, s'interpose entre elle et son amant; un barbarisme dans la langue des fleurs, et la haine succède à l'amour dans le cœur de Lantana, de Lantana embrasée, passionnée jusqu'à la folie ineffable du dévouement.

Réfléchissez donc, et calculez ce qu'une pareille faute en analogie pourrait produire de désastres dans le cœur des pâles amoureux de notre société d'Occident.

FIN.

TABLE DES MATIÈRES

Pages.

PLACEMENT DES GRAVURES

En regard de la page.

LAGNY. — Imprimerie de VIALAT et Cie.

Gabriel DE GONET, éditeur, 6, rue des Beaux-Arts

LES NOUVEAUX
JEUX FLORAUX

PRINCIPES D'ANALOGIE DES FLEURS

EXPOSÉS PAR

EUGÈNE NUS ET ANTONY MERAY

Science nouvelle ou véritable art d'agrément

A L'AIDE DUQUEL ON PEUT DÉCOUVRIR SOI-MÊME LES EMBLÈMES NATURELS DE CHAQUE VÉGÉTAL

ILLUSTRATIONS PAR CH. GEOFFROY.

Prospectus.

Le *Langage des Fleurs*, vieux comme le monde, est encore en quelque sorte enveloppé dans ses langes.

Né chez les peuples de l'Orient, il est arrivé chez nous avec toutes les imperfections, les contre-sens, les puérilités d'une ébauche, et depuis lors on l'a imprimé et réimprimé, tel qu'il est apparu d'abord, sans lui faire l'aumône d'une correction, d'une rectification, sans qu'on ait songé à vérifier certaines prétendues analogies fausses ou ridicules. Enfin, tous les volumes de ce genre, sous quelque titre qu'ils aient été annoncés, ne sont en réalité que les réimpressions du même ouvrage. Les auteurs de l'œuvre nouvelle que nous publions aujourd'hui, repoussant toutes les compilations surannées de ce genre, ont interrogé la nature elle-même. C'est en suivant les bases réelles, les règles invariables de la science nouvelle, dont ils nous exposent les principes dans ce livre, qu'ils ont cherché et trouvé les emblèmes et les analogies de ces étoiles terrestres.

Ils ont nommé ce travail les *Nouveaux Jeux Floraux,* parce qu'il doit être en réalité la source d'innombrables et délicieuses récréations dont les fleurs seront la cause.

Est-il passe-temps plus doux que de jouer avec des fleurs?

Les Illustrations qui accompagnent ces compositions sont dues au crayon délicat de M. Ch. Geoffroy.

Lagny. — Typographie de VIALAT et Cie.

LAGNY. — Imprimerie de VIALAT et Cie. — 1852.

www.ingramcontent.com/pod-product-compliance
Ingram Content Group UK Ltd.
Pitfield, Milton Keynes, MK11 3LW, UK
UKHW031047260726
13965UKWH00006B/687